REGONG JILIANG YU JIANCE
XINJISHU SHIWU

热工计量与检测新技术实务

上册

江苏方天电力技术有限公司　编

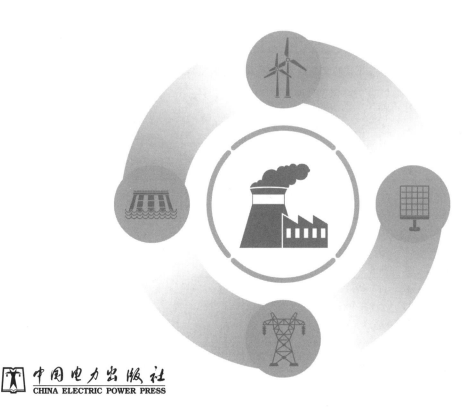

中国电力出版社
CHINA ELECTRIC POWER PRESS

内 容 提 要

本书系统介绍了热工计量与检测技术。书中大量的应用实例内容翔实，具有可操作性，将有助于提高从事电力系统计量人员的理论与实践水平，更好地服务电力系统的热工计量与检测。

根据发电厂生产岗位的实际需求和发电厂生产运行及检修规程规范以及开展培训的实际需求，特编写了本套教材，本书为上册，分为三章，分别为计量基础知识、压力、振动等内容。为便于自学、培训和考核，各章节均附有习题及参考答案。

本书适合从事电力系统热工计量人员、电力工程技术人员、电厂管理人员、设备维护人员及检测仪器（装置）研发人员使用，可为各大发电集团公司、发电厂专业人员提供操作性强的热工基础知识技能培训教材，也可作为大专院校相关专业的参考书。

图书在版编目（CIP）数据

热工计量与检测新技术实务．上册／江苏方天电力技术有限公司编．－－北京：中国电力出版社，2024. 9.
ISBN 978-7-5198-9104-6

Ⅰ．TK3

中国国家版本馆 CIP 数据核字第 202446Q1X9 号

出版发行：中国电力出版社
地　　址：北京市东城区北京站西街 19 号（邮政编码 100005）
网　　址：http://www.cepp.sgcc.com.cn
责任编辑：畅　舒（010-63412312）
责任校对：黄　蓓　王小鹏
装帧设计：赵丽媛
责任印制：吴　迪

印　　刷：三河市万龙印装有限公司
版　　次：2024 年 9 月第一版
印　　次：2024 年 9 月北京第一次印刷
开　　本：787 毫米 ×1092 毫米　16 开本
印　　张：15.5
字　　数：247 千字
印　　数：0001—1000 册
定　　价：80.00 元

《热工计量与检测新技术实务（上册）》编委会

审定委员会

主　任　张天培　张子阳

副主任　田　漪　孙　虹　季昆玉　张　斌　阳志强　姜海波　张红光

委　员　付　慧　陈　霄　许建刚　李夕强　马君鹏　李志新　马云龙

　　　　谢天喜　纪　峰　孙　雄　陈铭明　孙　毅　郑胜清　钟永和

编写委员会

主　编　叶加星　孙　雄

副主编　韦　宣　倪向红

参　编　徐浩然　黄亚龙　闫海荣　田　爽　杨立恒　舒　进　王之赫

　　　　吴雨浓　程健林　王舒涛　黄　燕　瞿丽莉　高雨翔　陈　欠

　　　　庞　慧　刘　磊　秦　露　胡国章　窦　鹏　郭　进　董艳妮

　　　　梁　鹏　王　闯　高　严　印吉阳　孙衍星　宋　慧　赵　越

　　　　庞　顺　党显洋　刘晓辉　张露妍　李金俊　周义凤　孟　嘉

　　　　张兴沛　陈金玉　李思瑶　王志浩　刘世韬　李亚龙　车美美

　　　　梁金根　陈　龙　沈双杰　徐　猛　朱紫妍

前言
PREFACE

现代化制造业是集高新技术为一体的知识密集型产业，计量是保障制造业科研、生产发展的技术基础。"科技要发展，计量须先行"，要使现代计量技术能够快速满足工业发展的需求，为了提高制造业的质量，就要大力发展计量事业，通过培养大批精通技术业务、有梯次结构高素质的人才，建设具有现代科学技术知识的计量人才队伍。

进入现代化过程中，产品测量数据的准确性、可靠性、可溯源性及国际互认性都对计量技术水平提出更高的要求，我们可以通过培训交流加快计量技术研究和计量人才队伍建设的时间，也可以为培养和造就一支为国民经济和现代化建设服务的计量人才队伍作出一定的贡献。计量培训是提高员工的基本素质和综合素质的一种方法，计量培训为计量管理达到事半功倍的效果。加大基本技能、基础知识、工作方法、质量监督、内部审核等内容的计量培训以减少员工与当前的业务能力之间的差距，而从长远看，计量培训是促进计量行业人才的成长和进步的一条捷径，有利于建设人才队伍和储备人才，从而提升企业的核心竞争力，促进企业的发展。

根据发电厂生产岗位的实际需求和发电厂生产运行及检修规程规范以及开展培训的实际需求，特编写了本套教材。本套教材分为上下册，主要内容包括计量基础知识、压力、振动、转速、电子皮带秤、流量、温度。为便于自学、培训和考核，各章节均附有习题及参考答案。

由于编写时间仓促，本书难免存在疏漏之处，恳请各位专家和读者提出宝贵意见，使之不断完善。

编者

2024 年 4 月

目 录
CONTENTS

前　言

| 第1章 | **计量基础知识** | 1 |

第1节　计量法律、法规及计量监督管理 …………… 3
第2节　计量技术法规 …………………………………… 11
第3节　计量综合知识 …………………………………… 15
第4节　计量标准的建立、考核及使用 ……………… 35
第5节　习题及参考答案 ………………………………… 57

| 第2章 | **压力** | 69 |

第1节　压力基础知识 …………………………………… 71
第2节　压力仪器仪表的分类 ………………………… 77
第3节　压力表的选择、安装和检定 ………………… 90
第4节　测量不确定度评定 …………………………… 96
第5节　新技术案例探讨 ………………………………… 106
第6节　习题及参考答案 ………………………………… 127

| 第3章 | **振动** | 169 |

第1节　振动基础知识 …………………………………… 171
第2节　振动仪表 ………………………………………… 178
第3节　测量不确定度评定 …………………………… 189
第4节　新技术案例探讨 ………………………………… 204
第5节　习题及参考答案 ………………………………… 224

第 1 章

計量基础知识

第1节

计量法律、法规及计量监督管理

一 计量立法的宗旨

计量是商品交换的基础，从人民日常生活、到国内外贸易、再到科学领域研究，计量的准确性在维护社会秩序、提高经济效益、保护国家和消费者权益上发挥着非常重要的作用。

计量立法的核心是首先要加强计量监督管理，其次是健全国家计量法制为科技进步和社会发展保驾护航，而实现国家计量单位的统一和全国量值的可靠传递是计量法制监督工作的重中之重。

我国于1985年通过《中华人民共和国计量法》（以下简称《计量法》），《计量法》的颁布使我国计量管理工作正式纳入法制管理的轨道。计量法的第一条详细介绍了我国的计量立法宗旨，概括为："加强计量监督管理，保障国家计量单位制的统一和量值传递可靠，有利于生产、贸易和科学技术发展，适应社会主义现代化建设的需要，维护国家、人民的利益"。计量法是用法律的形式确定了我国计量管理工作遵循的基本准则，也是我国计量管理工作的最根本依据，是我国计量法规体系中的基本法，是维护社会经济秩序、促进生产、科学技术和贸易发展、保护国家和人民群众利益的重要举措。

二 我国计量法规体系的组成

我国计量法规体系，是以《中华人民共和国计量法》为基本法，若干计量行政法规、规章以及地方性计量法规、规章为配套的计量法律法规体系。按审批的权限、程序和法律效力可划分为三个层次，第一层次是以《中华人民共和国计量法》

为基本法，第二层次是计量行政法规和计量技术法规，第三层次是计量规章、检定系统表和检定规程，具体架构关系见图1-1。

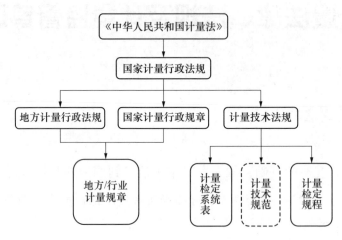

图 1-1 计量法规体系架构图

我国《计量法》、计量行政法规以及计量规章明确规定了我国计量监督管理体制、法定计量检定机构、计量基准和标准、计量检定、计量器具产品、商品量的计量监督和检验、产品质量检验机构的计量认证等计量工作的法制管理要求，以及计量法律责任。

（一）计量法

《中华人民共和国计量法》于1985年9月6日第六届全国人民代表大会常务委员会第十二次会议通过。于1986年7月1日开始施行。

2009年8月27日，第十一届全国人民代表大会常务委员会第十次会议对《中华人民共和国计量法》进行第一次修正。

2013年12月28日，第十二届全国人民代表大会常务委员会第六次会议决定对《中华人民共和国计量法》进行第二次修正。

2015年4月24日，第十二届全国人民代表大会常务委员会第十四次会议对《中华人民共和国计量法》进行第三次修正。

2017年12月27日，第十二届全国人民代表大会常务委员会第三十一次会议对《中华人民共和国计量法》进行第四次修正。

2018年10月26日，第十三届全国人民代表大会常务委员会第六次会议对《中华人民共和国计量法》进行第五次修正。

《计量法》由全国人民代表大会制定并实施，是国家管理计量工作的基本法，是实施计量监督管理的最高标准，《计量法》的实行标志着我国的计量管理工作全方位步入法治化管理的轨道。《计量法》涵盖了计量立法目的、适用范围、法定计量单位制、计量基准器具、计量标准器具和计量检定、计量器具管理、计量监督和计量法律责任等基本内容，修订后共计六章三十四条。

计量法虽然经过了五次修改，但仍然存在明显的滞后性，制约或者束缚了计量制度的改革创新，不能很好地满足当前经济社会发展地需要，亟须全面修订。

1. 立法理念和立法技术落后

现行《计量法》是计划经济时代的产物，当时的立法理念和立法技术较为传统，无法适应我国当前法治现代化的价值目标，也不适应法律规范化、科学化和民主化的实践需求。

2. 监管模式过于依靠行政许可

1985年颁布的《计量法》涉及了近十项行政许可和行政审批制度来实现计量监管。这种过于依赖和强调行政许可和审批的计量监管模式已不能适应当前深化"放管服"改革的需要。虽然计量法经过历次修正，减少了若干项行政审批和行政许可，但现行计量法的监管模式并未根本改变，不能满足新常态下计量治理结构调整的现实需求。

3. 监管范围较小

现行《计量法》侧重计量单位和计量器具管理，缺乏对计量结果监管的关注。当前，社会主体对计量结果准确性有着迫切的需求，现实生活中存在大量因计量结果不准确引发的计量纠纷，暴露出《计量法》调整范围过窄的弊端。

4. 对民生关注不够

现行《计量法》中的制度设计虽然起到了保障民生的作用，但从条文上看，有关民生计量的规定相对缺失。特别是民生计量中最重要的"民用四表"所有权归属不明，缺乏相关法律规定，使得民用四表的到期轮换制度难以落实，费用承担易产生纠纷。《计量法》应更多体现对民生的关注。

5. 国际性不足

现行《计量法》在规范计量活动方面与国际通行做法存在差异。如国际上通行的计量校准和计量比对等，计量法中没有明确的规定。随着国际单位制的量子化变革，计量法国际化程度不高，无法适应共建"一带一路"和共享发展内在需求的弊端会更加凸显。

6. 法律责任畸轻

现行《计量法》颁布至今，我国经济生活发生了翻天覆地的变化。但《计量法》及相关规章中有关行政处罚的条款始终未有修改，计量法律责任明显偏轻，违法成本明显过低，没有起到有效遏制计量违法行为的目标。

（二）计量法规

计量法规是辅助《计量法》的子法，根据作用不同可分为计量行政法规和计量技术法规两大部分。计量行政法规按照颁布级别和执行范围又可分为国家计量行政法规和地方计量行政法规，由国务院制定和批准称为国家计量行政法规，在国家计量行政法规的基础上，由地方计量部门根据行业需求制定的计量行政法规称为地方计量行政法规，地方计量行政法规范围具有局限性。计量技术法规又可分为检定系统和检定规程，检定系统是对检定的标准进行详细说明，而检定规程是对检定的技术指标和操作方法进行了明确规定。

目前，国务院颁布的国家计量行政法规有：

1984 年 1 月 20 日通过《全面推行我国法定计量单位的意见》。1984 年 2 月 27 日发布《国务院关于在我国统一实行法定计量单位的命令》。

1986 年 5 月 12 日批准《水电部门电测、热工仪表计量检定管理的规定》。

1987 年 1 月 19 日批准《中华人民共和国计量法实施细则》（以下简称《计量法实施细则》），由原国家计量局于 1987 年 2 月 1 日发布。该《计量法实施细则》历经三次修订，分别于 2016 年 2 月 6 日、2017 年 3 月 1 日、2018 年 3 月 19 日三次修订。

1987 年 4 月 15 日发布《中华人民共和国强制检定的工作计量器具检定管理办法》。

1989 年 10 月 11 日批准《中华人民共和国进口计量器具监督管理办法》。该管理办法于 2016 年 2 月 6 日进行首次修订。

1990 年 4 月 5 日国务院与中央军事委员会联合发布《国防计量监督管理条例》。

1990 年 12 月 18 日批准《关于改革全国土地面积计量单位的通知》。该通知针对我国土地面积计量单位作出了详细规定。

（三）计量规章

计量规章根据颁布级别和执行范围可划分为国务院部门计量规章和地方政府计量规章两部分。国务院部门计量规章在全国范围具有法律效力，地方政府计量规章是当地政府根据地方特殊需求颁布的相应规章，仅对当地有效。根据宪法规定，任何地方政府计量行政法规、规章都不得与国家计量行政法规、规章相抵触。

目前，由国务院计量行政主管部门发布的相关计量规章有：《中华人民共和国计量法条文解释》《中华人民共和国依法管理的计量器具目录》《中华人民共和国依法管理的计量器具目录》《中华人民共和国强制检定的工作计量器具明细目录》《计量标准考核办法》《中华人民共和国进口计量器具监督管理办法实施细则》《计量检定人员管理办法》《计量检定印、证管理办法》《标准物质管理办法》《计量违法行为处罚细则》《计量授权管理办法》等。

三　计量监督管理的体制

（一）计量监督管理的概念

计量监督是计量管理的重要组成部分，由于它是一种强制性的计量管理，所以又称为计量法制管理，是计量管理的一种特殊形式。依据计量法律、法规和规章进行的一切计量管理工作都属于计量监督的范畴。

计量监督必须以相应的计量检测手段为基础，以计量检定和测试所得的数据作为监督依据。因此，从某种意义上讲，计量监督就是计量技术监督。这使得计量监督从根源上保证并体现了其科学性与公正性的特点。

（二）我国计量监督管理体系

目前，我国的计量监督管理，实行按行政区域统一领导、分级负责的体制，总体分为政府计量行政部门计量监督、部门计量行政机构对所属单位计量监督、企业事业单位计量机构对其单位的计量监督共三个监督管理层次。

1. 政府计量行政部门计量监督

国家市场监督管理总局作为国务院的计量行政部门，负责对全国的计量工作实施统一监督，县以上各级政府计量行政部门对区域内的计量工作实施监督管理。政府计量行政部门的监督是全方位、社会性的行政执法性监督。对计量违法行为，除了公、检、法部门和工商行政管理部门可根据《计量法》第二十七条规定有权进行行政处罚外，只有政府计量行政部门可按法律规定对违法者给予行政处罚，而其他国家机关，都无权使用计量法进行行政处罚。

2. 部门计量行政机构对所属单位计量监督

各有关部门按需要设置的计量行政机构，负责计量法律、法规和规章在本部门的贯彻实施，监督管理所属单位的计量工作，并有权作出相应的行政处理。按照《计量法》第三十三条规定，中国人民解放军和国防科技工业系统的计量工作，由国务院和中央军委另行制定监督管理办法。

3. 企业或事业单位计量机构对其单位的计量监督

企业、事业单位根据生产、科研和经营管理的需要设置的计量机构或专职计量管理人员，负责计量法律、法规和规章在本单位的贯彻实施，依法监督管理本单位的计量工作。

由于以上 2、3 层面实施监督的主体不是专门行政执法机构，所以这两个层面的监督只属于行政管理性的监督，一般只对纵向发生效力。对计量违法行为，不能实施行政处罚，但可以根据法律，法规和规章的规定作出给予行政处分的决定。行政处分适用其所属的单位和人员。

国家、部门、企事业单位三个层面的计量监督是相辅相成的，各有侧重、相互渗透、互为补充，构成一个全面覆盖、有序的计量监督网络。

（三）我国计量技术机构体系

计量技术机构是指在计量行政机构的领导下从事计量检定、校准、测试及计量科学研究工作的机构。根据《计量法》，我国的计量技术机构可划分为国家级计量技术机构、一般计量技术机构两大类。

1. 国家级计量技术机构

国家级计量技术机构是人民政府依法授权或设置的，主要包含国家计量技术机构以及省、市、县三级计量技术机构两大类。国家计量技术机构是由中国计量科学研究院、中国测试技术研究院、国家标准物质研究中心以及国家各类专业计量站等构成，负责国家计量科学研究，并向全国开展量值传递工作的集科研与检定为一体的机构。省、市、县法定计量检定机构包括了依法设置的国家法定计量检定机构和依法授权的计量技术机构，负责各区域内的计量校准与检定工作。

2. 一般计量技术机构

一般计量技术机构是由县级以上人民政府授权的计量检定机构或者技术机构，主要根据部门、企业、事业自身需要，负责对内部进行计量校准或检定工作。

四 计量标准的建立和管理

计量标准用于检定或校准其他计量标准或工作计量器具的测量标准，是计量器具或标准物质的总称，其测量参数的复现准确度低于相应的计量基准。在检定系统中计量标准相当于绳子的纽结有着起承转合的作用，即计量基准通过计量标准将复现的量值逐级传递至工作计量器具，从而确保工作计量器具值的准确可靠，确保全国测量活动达到统一。计量标准的准确度一般应比被检定的计量器具准确度高3~10倍。对于未经有关政府计量行政部门考核且未获得《计量标准考核证书》的计量器具，无论其准确度多么高都不能开展检定或校准工作，只能作为工作计量器具用于日常测量。因此，只有经过有关计量行政部门考核合格且获得《计量标准考核证书》的计量器具才能成为计量标准，可在一定的范围内开展量值传递工作。

我国的计量标准，按其法律地位、使用和管辖范围的不同，划分为社会公用计量标准，部门和企业、事业单位使用计量标准。

1. 社会公用计量标准建立与管理

社会公用计量标准器具简称社会公用计量标准，是指经过政府计量行政部门考核、批准，作为统一本地区量值的依据，在社会上实施计量监督具有公证作用的计量标准。在处理计量纠纷时，只有以计量基准或社会公用计量标准仲裁检定后的数据才能作为依据，并具有法律效力。其他单位建立的计量标准，要想取得上述法律地位，必须经有关政府计量行政部门授权。

社会公用计量标准由各级政府计量行政部门根据本地区需要组织建立，在投入使用前要履行法定的考核程序。具体说，下一级政府计量行政部门建立的最高等级的社会公用计量标准，需向上一级政府计量行政部门申请技术考核，其他等级的社会公用计量标准，属于哪一级政府的，就由哪一级地方政府计量行政部门主持考核。经考核合格符合要求并取得证书的，由建立该项社会公用计量标准的政府计量行政部门审批并颁发社会公用计量标准证书。否则，不能作为社会公用计量标准使用。

2. 部门计量标准建立与管理

根据计量法规定，省级以上政府有关主管部门和省、自治区、直辖市人民政府有关主管部门可以根据本部门的特殊需要建立计量标准，在本部门内使用，作为统一本部门量值的依据。

省级以上政府有关主管部门建立计量标准，由本部门审查决定。其各项最高计量标准，需经同级人民政府计量行政部门主持考核合格后，获得计量标准考核证书，才能开展非强制检定。

3. 企业、事业单位计量标准建立与管理

根据计量法规定，企业、事业单位有权根据生产、科研和经营管理的需要建立计量标准，在本单位内部使用，作为统一本单位量值的依据。因此，只要企业、事业单位有实际需要，就可以自行决定建立与生产、科研和经营相适应的计量标准。但为了保证量值的准确可靠，建立本单位使用的各项最高计量标准，需经主管的政府计量行政部门组织考核合格且获得计量标准考核证书后，才能在本单位内开展非强制检定。

五　计量法律责任

计量法律责任是指违反计量法律、法规和规章的规定后应当承担的法律后果。计量违法是指国家机关、企事业单位及个人在从事与社会相关的计量活动中，违反

了计量法律、法规和规章的规定，造成某种危害社会和他人的有过错行为。

国家计量法根据计量违法的情节及造成后果的程度不同，规定了三种法律责任。

1. 行政法律责任

行政法律责任是国家执法机关对有违法行为，但不构成犯罪的一种法律制裁，包括行政处罚和行政处分。根据计量法规定，只能由县级以上地方人民政府计量行政部门对计量违法行为实施行政处罚。行政处罚是由国家特定的行政机关给予有违法行为，尚不构成刑事犯罪的法人及公民的一种法律制裁。

2. 民事法律责任

民事法律责任是指当违法行为构成侵害他人权利，造成财产损失的，要负民事责任。例如使用不合格的计量器具或破坏计量器具准确度，给国家和消费者造成损失的，要责令赔偿损失。

3. 刑事法律责任

刑事法律责任是指已构成计量犯罪，由司法机关处理的，须追究其刑事责任的。例如制造、修理、销售以欺骗消费者为目的的计量器具，造成人身伤亡或重大财产损失的，伪造盗用、倒卖检定印或证的。

第 2 节
计量技术法规

 计量技术法规的范围及其分类

（一）计量技术法规概念

计量技术法规是正确进行量值传递、量值溯源，确保计量基准、计量标准所测出的量值准确可靠，以及实施计量法制管理的重要手段和条件。它包括了国家计量检定系统表、计量检定规程和计量技术规范。

（二）计量技术法规的分类

1.国家计量检定系统表

国家计量检定系统表也称为计量检定系统，是国家规定的具有法定性质的技术文件，由国务院计量行政部门组织制订、修订。计量检定系统以图文结合的形式，规定了国家计量基准与各级计量标准、工作计量器具的量值传递关系，它能客观地反映一个国家的科学计量和法制计量的发展程度。在国外计量检定系统称为国家计量器具溯源等级图。

2.计量检定规程

计量检定规程是计量监督人员对计量器具实施监督管理、计量检定人员执行计量检定的重要法定技术依据，是计量器具检定时必须遵守的法定文件。同时，它也是协调生产需要、计量基准（标准）的建立和计量检定系统三者之间关系的纽带。

国家计量检定规程由国务院计量行政部门组织制定，其主要内容包括了器具名称、适用范围、计量性能要求、通用技术要求、检定条件、检定项目、检定方法、检定结果处理以及检定周期等。

3.计量技术规范

计量技术规范是指国家计量检定系统表、计量检定规程所不能包含的，计量工作中具有综合性、基础性并涉及计量管理的技术文件和用于计量校准的技术规范。主要包括通用计量技术规范和专用计量技术规范。通用计量技术规范含通用计量名词术语以及各计量专业的名词术语、国家计量检定规程和国家计量检定系统表及国家校准规范的编写规则、计量保证方案、测量不确定度评定与表示、计量检测体系确认、测量仪器特性评定、计量比对等；专用计量技术规范包括了各专业的计量校准规范、某些特定计量特性的测量方法、测量装置试验方法等。

（三）计量技术法规的编号

计量技术法规的编号采用"××××—××××"的表示方法，分别为法规的顺序号和年份号，均用阿拉伯数字表示，年份号为批准的年份国家计量技术法规的编号分别为以下三种形式：

（1）计量检定系统表用汉语拼音缩写 JJG 表示，编号为 JJG 2×××—××××，顺序号为 2000 号以上，例如：圆锥量规锥度计量器具检定系统的编号为 JJG 2002—1987。

（2）国家计量检定规程用汉语拼音缩写 JJG 表示，编号为 JJG ××××—××××。例如：数字压力计检定规程的编号为 JJG 875—2019。

（3）国家计量技术规范用汉语拼音缩写 JJF 表示，编号为 JJF ××××—××××，其中国家计量基准、副基准操作技术规范顺序号为 1200 号以上。例如：廉金属热电偶校准规范的编号为 JJF 1637—2017。

地方和部门计量检定规程编号为 JJG（　）××××—××××，括号里用中文文字表示该检定规程的批准单位和施行范围，括号后 ×××× 为顺序号，横杠后为年份号。例如：JJG（京）39—2006《智能冷水表》，代表北京市 2006 年批准的顺序号为第 39 号的地方计量检定规程，在北京市范围内施行。

二　计量检定规程、国家计量检定系统表、计量技术规范的应用

（一）国家计量检定系统表的应用

国家计量检定系统表即国家计量溯源等级图，它是将国家计量基准的量值逐级传递到工作计量器具，或从工作计量器具的量值逐级溯源到国家计量基准的一条比较链，以确保全国量值的准确可靠。它是我国制定计量检定规程和计量校准规范的重要依据，是实施量值传递和溯源、选用测量标准、确定测量方法的重要技术依据。

国家计量检定系统表规定了整个量值传递链计量标准的准确度等级及其测量不确定度或最大允许误差，利用它可以确定各级计量器具的计量性能，选择检定或校准所适用的计量标准或基准，确保测量的可靠性和合理性。

（二）计量检定规程的应用

国家计量检定规程是计量器具检定必须遵循的法定技术依据，我国还可制定部门和地方计量检定规程作为国家计量规程的补充。依据法律法规，当前我国实行的

计量器具管理办法有两种：

（1）国家实施强制检定，用于贸易结算、医疗卫生、安全防护、环境监测等领域工作计量器具以及社会公用计量标准和部门、企事业单位使用的最高计量标准器具均列入了国家强制检定目录；

（2）非强制检定，由企事业单位自行开展。为了保障人民利益、监督市场行为、保护环境健康、维护社会秩序，因此，所有可能引起争议的、损害公众利益的计量器具均应制定计量检定规程，在法律的监督下对这些计量器具进行定期检定，而对其他计量器具，可由使用单位依据相应的校准规范以校准的方式进行量值溯源。

（三）计量技术规范的应用

1.通用技术规范

通用计量技术规范大多用于通用的、基础的计量监督管理活动。例如：JJF 1001《通用计量术语及定义》、JJF 1059.1《测量不确定度评定与表示》、JJF 1094《测量仪器特性评定》等。

同时为了加强我国计量管理工作，提高行政许可效能，围绕专项计量管理监督的需要，根据各项监管活动的技术特点，制定了有关计量管理的技术规范。例如：JJF 1033《计量标准考核规范》、JJF 1015《计量器具型式评价通用规范》等技术性规定。

2.专用计量技术规范

（1）专用技术性规范。专用技术性规范多用于计量工作中具体的特定的测量方法、试验方法及技术性规定。如《恒温槽技术性能测试规程》属于专业性的试验要求。

（2）计量校准规范。对于我国非强制检定计量器具量值传递或溯源的需要，我国在计量技术规范中增加了适用性更为广泛的各专业计量校准规范。开展计量校准应当执行国家计量校准规范，如无国家计量校准规范，可以根据国际、区域、国家、军用或行业标准，依据 JJF 1071《国家计量校准规范编写规则》，编制相应的计量校准方法，明确校准方法和校准要求，经过测量不确定度评定、实验验证、同行专家审定、计量技术机构负责人批准后，作为开展计量校准活动的技术依据。

第3节
计量综合知识

量和量值

自然界中现象、物体或物质的存在状态和运动规律千姿百态，认识现象、物体或物质不同状态下的运动规律是自然科学界致力于探索的目标，量就是描述现象、物体或物质不同状态下的运动规律最重要的一种属性，这种属性可以被定性和定量确定。量从定性角度可理解为长度、质量、温度、电流等，从定量角度可理解为导线电阻、绳子长度等。

计量学中的量均是指可被测量的量，凡是物理量均可被测量，但也有部分非物理量可被测量，如表面粗糙度、石油燃料辛烷值、溶液 pH 值等，这类非物理量也称为序量。

根据量的作用和在计量学中的地位，量有不同的分类法。通常从量制来看，量可分为基本量和导出量。给定量制中，约定选取一组相互独立的量，即这组相互独立的量不能由其他量表示，称为基本量。在国际量制中长度、质量、时间、电流、热力学温度、物质的量和发光强度为基本量。导出量则是指由基本量运算得到的量，例如：力 F 是由质量 m、长度 l 和时间 t 三个基本量导出；速度 v 是由长度 l 和时间 t 两个基本量导出。同理，功、能量、电阻、频率、密度、动力黏度、力矩等其他导出量都是由几个基本量根据物理公式推导而来。

科学领域中的基本量和相应导出量的特定组合称为量制。特定量制的缩写名称通常用基本量符号的组合表示，如力学量制的缩写名称由基本量长度（l）、质量（m）和时间（t）的英文字母表示，为 l、m、t 量制。由于序量是基于经验关系与其他量相联系，因此量制不包括序量。

在量制中，给定量用基本量的幂的乘积表示且令数字系数为 1 的表达式，称为量纲。量纲均采用大写的正体罗马字母和希腊字母表示，任一量 Q 的量纲均可表示为 $\dim Q = L^{\alpha} M^{\beta} T^{\gamma} I^{\varepsilon} \Theta^{\eta} N^{\delta} J^{\zeta}$，其中指数 α、β、γ、ε、η、δ、ζ 称为量纲指数，可为正数、负数或零。如力学量制中，力（F）的量纲表示为 $\dim F = LMT^{-2}$。若一个给定量的量纲指数皆为零，即量纲为 1 的量，称为无量纲量。无量纲量并非是实际没有量纲的量，而是指符号 1 为这些量的量纲符号表达式。同类量的量纲一定相同，而相同量纲的量却未必是同类量。譬如，功和力矩的量纲相同，皆为 $L^2 MT^{-2}$，但非同类量。量纲的意义在于定性地表示了导出量与基本量之间的关系。根据量纲法则（若一个量的表达式正确，则其等号两边的量纲必然相同），可以检验量的表达式是否正确。等式两边量纲相同是等式正确的必然条件，非充分条件。

量的大小用量值来表示，量值是由数值与测量单位乘积构成。量的大小是客观存在与量值表示形式无关，量值因测量单位的变化使得其表示方式不唯一，即同一个量选取的测量单位不同表示出的值就会不同。例如，某品牌某系列电脑的重量为：1.78kg，也可以表示为某品牌某系列电脑的重量为：1708g。当量的量纲指数为 0 时，即量纲为 1 时，此时测量单位虽存在但不显示，量值仅为数值，例如：折射率、摩擦系数、质量分数、马赫数。表示量值时应同时说明特定量的名称和量值，例如指定绳子的长度：6.13m 或 613cm。

计量单位和单位制

（一）计量单位

计量单位也称为测量单位，是为了定量表示同类量的大小，根据约定定义选取数值为 1 的特定标量。也可以理解为约定选取的特定标量就是参考量，这个特定标量可以作为其他同类量进行大小比较的基础，称这个特定标量（参考量）为单位。计量单位是在人类实践中逐渐形成的，约定的特定标量并不是唯一的，同一个量可以有不同的单位，如质量的单位有千克、公斤、吨等。对于某一特定量，其不同单位之间有一定的换算关系，如 1t 等于 1000kg。因此计量单位经过选择确定后，所有同类量便可使用数值和单位来表示量的大小。

每个计量单位都有约定定义的名称和代表符号，为了便于世界通用，单位的代表符号有两种，一种是拉丁字母和希腊字母，另一种是标号，例如，时间单位秒的符号就是拉丁字母"s"，平面角度单位的符号是"°"。测量单位的中文符号通常由单位中文名称或中文名称词头构成。如温度单位的中文名称是摄氏度，其中文符号为中文名称就是摄氏度；功率单位的中文名称为瓦特，其中文符号为词头就是瓦。

在给定量制中，每个基本量都有若干个不同的计量单位，为了便于应用，约定每个基本量只能选取一个有独立定义的计量单位，这个计量单位称为基本单位。例如：SI 单位制中，长度的基本单位是米。采用基本单位及一定的比例因数来导出其他相关量的单位称为导出单位。某些导出单位有专门的名称和符号。例如，在国际单位制中，千克（kg）、米（m）和秒（s）都是基本单位，力的单位牛顿（N）则是由它们得出的导出单位（ $N = kg \cdot m/s^2$ ）。

（二）单位制和国际单位制

给定量制，由选定的一组基本单位和由基本单位根据定义公式确定的导出单位，所构成的单位体系，称为单位制。显然，同一个量制有多个单位制，因为所选取的基本单位不同，单位制也就不同。例如，力学量制由于选取的基本单位不同，就有米千克秒制（MKS 制）、厘米克秒制（CGS 制）、米千克力秒制（MKGFS 制）、米吨秒制（MTS 制）等不同的单位制。

在科学技术、生产和经济文化交流中，多种单位制并存使用，严重影响着国际贸易的开展以及科学技术的交流，因此，人们迫切希望能建立一种简单、合理、统一、实用、适合所有国家的单位制。经过科学家们多年的研究和探讨，在米制的基础上逐渐发展形成国际单位制。1960 年第 11 届国际计量大会正式通过以米、千克、秒、安培、开尔文和坎德拉共 6 个单位为基本单位的国际单位制。1974 年第 14 届国际计量大会增加物质的量单位摩尔作为基本单位，此后形成 7 个基本单位的国际单位制。2018 年举办的第 26 届国际计量大会通过了国际单位制的修订决议，国际单位制发生历史性变革，此次会议废止了 7 个 SI 基本单位的旧定义，提出采用 7 个物理常数重新定义 SI 基本单位，此决议于 2019 年 5 月 20 日起正式生效。随着科技进步与社会发展，国际单位制也日趋完善，它以先进、实用、简单、科学的优势，成为全球主要采用的单位制。

国际单位制（International System of Units）缩写为 SI，是由 SI 基本单位（7 个）、SI 辅助单位（2 个）、SI 导出单位及 SI 单位的倍数单位和分数单位构成。SI 导出单位包括两部分：SI 辅助单位在内的具有专门名称的 SI 导出单位（21 个）和组合形式的 SI 导出单位。SI 单位的倍数单位和分数单位由 SI 词头（共 20 个）与 SI 单位（包括 SI 基本单位和 SI 导出单位）构成。SI 的具体构成体系如下：

$$
国际单位制（SI）\begin{cases} SI基本单位（7个） \\ SI辅助单位（2个） \\ SI导出单位 \begin{cases} 具有名称的SI导出单位（21个） \\ 组合形式的SI导出单位 \end{cases} \\ SI单位的倍数单位和分数单位构成 \end{cases}
$$

1. SI 基本单位

国际单位制选定长度、质量、时间、电流、热力学温度、物质的量和发光强度共七个相互独立的特定量作为基本量，为每个基本量独立定义了一个计量单位，这七个计量单位就是国际单位制的基本单位，构成了整个国际单位制的基础。26 届国际计量大会通过国际单位制修订决议，新 SI 基本单位采用以下物理常数定义：

（1）时间单位为秒，符号 s。铯 –133 原子不受干扰的基态超精细能级跃迁频率为 9192631770Hz，即 Δv_{Cs} 为 919263177011/s，秒用 Δv_{Cs}=9192631770Hz 来定义。

（2）长度单位为米，符号 m。真空中光的速度 c 为 299792458m/s。米用光的速度 c=299792458m/s 来定义。

（3）质量单位为千克，符号 kg。普朗克常数 h 为 $6.62607015 \times 10^{-34}$Js，即 $6.62607015 \times 10^{-34}$kg·m²/s。千克用 h=$6.62607015 \times 10^{-34}$Js 来定义。

（4）电流单位为安培，符号 A。基本电荷 e 为 $1.602176634 \times 10^{-19}$C，即 $1.602176634 \times 10^{-19}$As。安培用基本电荷 e=$1.602176634 \times 10^{-19}$C 来定义。

（5）温度单位为开尔文，符号 K。玻尔兹曼常数 k 为 1.380649×10^{-23}J/K 时，即 1.380649×10^{-23}kg m²/s²/K。开尔文用玻尔兹曼常数 k=1.380649×10^{-23}J/K 来定义。

（6）物质的量单位为摩尔，符号 mol。1mol 精确包含 $6.02214076 \times 10^{23}$ 个基本粒子，即阿伏伽德罗常数 NA 为 $6.02214076 \times 10231/mol$。一个系统的物质的量（符号 n）是该系统包含的特定基本粒子数量的量度。基本粒子可以是原子、分子、离子、电子，其他任意粒子或粒子的特定组合。

（7）发光强度单位为坎德拉，符号 cd。当频率为 $540 \times 10^{12} Hz$ 的单色辐射的发光效率 K_{cd} 为 683lm/W，即 683cd sr/W 或 cd sr /kg $m^2 s^3$。坎德拉用 K_{cd}=683lm/W 来定义。

SI 基本单位名称和符号见表 1-1。

表 1-1 　　　　　　　　　　　SI 基本单位名称和符号

量的名称	量纲	单位名称	单位的符号
长度	L	米	m
质量	M	千克（公斤）	kg
时间	T	秒	s
电流	I	安 [培]	A
热力学温度	Θ	开 [尔文]	K
物质的量	N	摩 [尔]	mol
发光强度	J	坎 [德拉]	cd

2. SI 辅助单位

平面角单位弧度（rad）和立体角单位球面度（sr）是国际单位制中特殊的一类单位，他们是无量纲量，名称和符号见表 1-2。

表 1-2 　　　　　　　　　　　　SI 辅助单位

量的名称	单位名称	单位的符号
平面角	弧度	rad
立体角	球面度	sr

3. SI 导出单位

SI 导出单位由 SI 基本单位和 SI 辅助单位根据系数为 1 的定义方程导出的所有单位，由两部分构成，一部分是由具有专有名称的导出单位，另一部分是组合形式的导出单位。

（1）具有专有名称的 SI 导出单位。由于 SI 导出单位中有些导出单位名称很长，不便于读写使用。因此，国际单位制对 19 个常用的导出单位给予了专门名称。例如电压的单位是 $m^2 \cdot kg/(s^3 \cdot A)$，读写都很长就给出了专门名称 – 伏 [特]（V）。这些单位的专门名称大多数是以科学家名字命名的，单位名称来源于人名时，要求符号的第一个字母大写，第二个字母小写，但必须为正体。专门名称 SI 导出单位具体见表 1–3。

表 1–3 具有专门名称的 SI 导出单位

量的名称	单位名称	单位的符号
频率	赫 [兹]	Hz
力	牛 [顿]	N
压力，压强，应力	帕 [斯卡]	Pa
能 [量]，功，热量	焦 [耳]	J
功率，辐 [射能] 通量	瓦 [特]	W
电荷 [量]	库 [仑]	C
电压，电动势，电位	伏 [特]	V
电容	法 [拉]	F
电阻	欧姆	Ω
电导	西 [门子]	S
磁通 [量]	韦 [伯]	Wb
磁 [通量] 密度，磁感应强度	特 [斯拉]	T
电感	亨 [利]	H
摄氏温度	摄氏度	℃
光通量	流 [明]	lm

量的名称	单位名称	单位的符号
光 [照度]	勒 [克斯]	lx
[放射性] 活度	贝可 [勒尔]	Bq
吸收剂量	戈 [瑞]	Gy
剂量当量	希 [沃特]	Sv
催化活度	卡塔	kat

（2）组合形式的 SI 导出单位，见表 1–4。

表 1–4　　　　　　　　　　组合形式的 SI 导出单位

量的名称	量纲	单位名称	单位符号
面积	L^2	平方米	m²
体积	L^3	立方米	m³
速度	LT^{-1}	米每秒	m/s
加速度	LT^{-2}	米每二次方秒	m/s²
波数	L^{-1}	每米	1/m
密度	$L^{-3}M$	千克每立方米	kg/m³
电流密度	$L^{-2}I$	安每平方米	A/m²
磁场强度	$L^{-1}I$	安每米	A/m
浓度	$L^{-3}N$	摩尔每立方米	mol/m³
比体积	L^3M^{-1}	立方米每千克	m³/kg
亮度	$L^{-2}J$	坎每平方米	cd/m²

4. SI 单位的倍数单位和分数单位

在不同科技领域各种单位应用场景不同，为了适应需求就需要有大小不同的单位。因此，国际单位制规定一组 SI 词头，词头就是用来构成倍数单位和分数单位，SI 词头加在 SI 单位面前就构成了 SI 单位大小不同的倍数和分数单位。比如，词头 SI 加在压力单位帕（Pa）前面有：千帕（kPa）、兆帕（MPa）；加在长度单位米

（m）前面有：分米（dm）、厘米（cm）、千米（km）。词头共有 20 个，其中 4 个是十进位，即百（10^2）、十（10^1）、分（10^{-1}）、厘（10^{-2}），其他 16 个都是千进位。SI 词头见表 1-5。

表 1-5   SI 词头

因数	词头名称	符号	因数	词头名称	符号
10^{24}	尧 [它]	Y	10^{-1}	分	d
10^{21}	泽 [它]	Z	10^{-2}	厘	c
10^{18}	艾 [可萨]	E	10^{-3}	毫	m
10^{15}	拍 [它]	P	10^{-6}	微	μ
10^{12}	太 [拉]	T	10^{-9}	纳 [诺]	n
10^{9}	吉 [咖]	G	10^{-12}	皮 [可]	p
10^{6}	兆	M	10^{-15}	飞 [母托]	f
10^{3}	千	k	10^{-18}	阿 [托]	a
10^{2}	百	h	10^{-21}	仄 [普托]	z
10^{1}	十	da	10^{-24}	幺 [科托]	y

注 1. 10^4 称为万，10^8 称为亿，10^{12} 称为万亿，这类数词的使用不受词头名称的影响，但不应与词头混淆。

      2. 表中方括号 [ ] 内的字在不致混淆的情况下，可以省略，方括号前为其简称。

（三）我国法定计量单位

1. 我国法定计量单位的构成及特点

1984 年，我国国务院正式通过了《关于在我国统一实行法定计量单位的命令》《全面推行我国法定计量单位的意见》《中华人民共和国法定计量单位》，正式规定了我国的法定计量单位由国际单位制计量单位和国家选定的符合我国国情的其他计量单位共同构成，其具体构成体系如下：

中国人民共和国法定计量单位 $\begin{cases} 国际单位制（SI） \\ 国家选定的非国际单位制单位(17个) \\ 由以上形式组合构成的单位 \end{cases}$

我国选定的非国际单位制单位共 17 个，见表 1-6，这些单位中既有国家计量大会认可且允许与国际单位制并用的，如时间单位、平面角单位、质量单位、体积单位等，也有根据我国国情选定并也在其他各国普遍使用的单位，如旋转速度单位、线密度单位等。

表 1-6　　　　　　　　　我国选定的非国际单位制单位

量的名称	单位名称	单位符号	与 SI 单位关系
时间	分 [小]时 天（日）	min h d	1min=60s 1h=60min=3600s 1d=24h=86400s
[平面]角	[角]秒 [角]分 度	″ ′ °	$1″=（π/648000）rad$ $1′=60″=（π/10800）rad$ $1°=60′=（π/180）rad$
旋转速度	转每分	r/min	1r/min=（1/60）/s
长度	海里	n mile	1n mile=1852m（只用于航程）
速度	节	kn	1kn=1n mile/h=（1852/3600） （只用于航行）
质量	吨 原子质量单位	t u	$1t=10^3kg$ $1u ≈ 1.660540 × 10^{-27}kg$
体积	升	L，（l）	$1L=10^{-3}m^3=1dm^3$
能	电子伏	eV	$1eV ≈ 1.602177 × 10^{-19}J$
级差	分贝 奈培	dB Np	1Np=8.68589dB
线密度	特[克斯]	tex	$1tex=10^{-6}kg/m$
面积	公顷	hm^2，ha	$1hm^2=10^4m^2$

我国的法定计量单位以国际单位制为基础，因此也继承了国际单位制结构简明合理、精确科学实用的优势，有利于推动我国与世界各国的经济贸易往来、科技文化交流。而且非国际单位制的选择也同时兼顾了我国人民群众的使用习惯，使得我国的法定计量单位使用方便且易于推广。

2. 我国法定计量单位的使用

1993 年原国家技术监督局发布了 GB 3100—1993《国际单位制及其应用》、GB 3101—1993《有关量、单位和符号的一般原则》、GB/T 3102—1993《空间和时间的量和单位》。这些标准正式规定了我国法定计量单位的使用方法。

法定计量单位的名称有全称与简称之分，使用时单位名称方括号内的字省略时即为该单位的简称，例如电压的单位全程为伏特，其简称为伏。

 测量

测量是人类认识自然、发现自然、利用自然，实现改造客观物质世界的一种重要手段。测量指的就是通过实验获得并可合理赋予某量一个或多个量值的过程。在计量学中，测量即是计量。

测量本质就是一个过程。在测量中，人们首先需要确定被测量以及对测量的要求。其次，根据测量原理和测量方法选定适宜的配备资源、仪器设备、操作人员，识别测量过程中影响量的影响，待测量环境符合要求，进行测量。最后给出测量结果，出具测量证书或报告。

常见的测量方法分类有以下几种：

（1）直接测量与间接测量。这是根据被测对象测量结果获得方法的不同来划分的。直接测量是将被测量与标准量直接进行比较，或采用经标准量标定过的仪器对被测量进行测量，从而直接得到被测量值的方法。间接测量法是指通过测量与被测量有函数关系的其他量，从而间接地得到被测量值的方法。

（2）等精度测量和不等精度测量。这是根据被测对象测量条件不同来划分的。等精度测量是指对被测量在相同条件下进行一组重复测量，认为重复测量取得的数据具有相同的测量精度和信赖度。不等精度测量是指被测量在测量过程中条件或其他因素发生变化，认为两次测量结果的信赖程度不同。

（3）静态测量与动态测量。这是根据被测对象在测量过程中所处状态来划分的。静态测量是指对某种不随时间改变的量进行的测量。动态测量是指对随时间变化量连续进行的测量。动态测量需考虑时间因素对测量结果的影响，被测量需视为随机变量来研究。

 计 量

（一）计量的定义

计量是实现单位统一、量值准确可靠的活动。这一活动涵盖的范围非常之广泛，涉及工农业生产、商品贸易、科学技术、法律法规、行政管理等各类活动。概括来讲，当今计量是计量学与计量管理的统称。计量学是研究测量及其应用的科学，涵盖了各个学科领域测量理论与技术应用。

在生产过程中，常将测量等同于计量，但本质上二者却并不相同。从概念上，计量、测量、测试既有区别又有联系。测量是为确定量值而进行的一组操作。测试是具有一定试验性的测量。计量是量值准确一致的测量，具有法制性，包括了计量单位、计量器具、计量人员、计量检定系统、检定规程等。因此，可认为计量和测试均属于测量，而有关测量的一切又都属于计量学。

（二）计量的特点

计量的特点如下：

（1）准确性。准确性是表征计量结果与被计量量真值的接近程度。计量的目的就是实现量值的准确可靠，计量的准确性就是计量活动开展的保障。由于测量过程不可避免地存在各种误差，计量结束后应明确地给出被计量量的值，而且还应给出该量值的测量不确定度，即准确性。否则，量值的准确性就无法判断。因此，量值只有在一定的测量不确定度、误差允许范围内准确，才能实现量值的一致性，量值才具有价值。

（2）一致性。计量的基本任务是保证量值的准确可靠和计量单位的统一，因此，计量的一致性体现在计量单位的统一和量值统一，计量单位的统一是量值统一的前提。在统一计量单位情况下，无论在何时、何地、使用任何方法、器具，以及任何人进行计量，只要计量过程符合有关计量要求的条件，计量结果就应在给定的误差范围内一致。换句话说，计量结果是可重复、可复现、可比较的，否则，计量失去一致性，也就失去了其存在价值。计量的一致性不受地域局限，适用于各个国家和地区。

（3）溯源性。在生产生活中，由于测量目的和使用场景的不同，对计量仪器的量值准确性要求就不同。但是，为了保障计量仪器量值的准确一致，就需要一个途径能将任何计量仪器的结果与其计量基准（国家基准或国际基准）联系起来，溯源性就是实现计量的准确性和一致性的重要途径。溯源性就是指任何一个计量结果或者计量标准的量值，都能通过一条连续的比较链与原始计量基准联系起来。否则，量值出于多个源头，必然会造成应用和管理的混乱。这条比较链的比较方式有两种，一种是自上而下进行称为量值传递，通过逐级检定或校准构成检定系统，将国家基准（或国际基准）的量值通过各级计量标准传递至工作计量仪器；另一种是自下而上进行称为量值溯源，通过校准构成溯源体系，将工作计量仪器的量值逐级向上追溯至国家基准（或国际基准）。量值溯源和量值传递都可使测量的准确性和一致性得到保障。

（4）法制性。国计民生各行各业对计量的依赖，也表明了计量的社会性要求计量工作必须具有法制性。因此，实现计量单位统一、量值准确可靠，不仅依靠科学技术手段，而且还必须有相关的法律、法规和制度来保障计量工作的推行。

（三）计量作用与地位

在人类活动中，无论是工农业生产运行、国内外经济贸易、科学技术研究还是人民日常生活，时时刻刻都有计量的身影参与其中，这些活动的顺利进行都离不开精确的计量。计量已经深深地渗透在国计民生各个领域，成为发展科学、促进经济、提高生产的重要手段，下面从几个方面来介绍计量的重要作用：

（1）计量与科学研究。计量是科学研究的技术基础，科学研究本质通过大量实验数据发现和掌握事物客观规律的过程，而拥有先进的计量测试手段和准确的实验数据则是科学研究成功的基础。

（2）计量与工农业生产。计量是工农业科学生产的基础与前提，贯穿工农业生产的整个周期。

（3）计量与经济贸易。经济全球化大大促进了国际贸易的发展，国与国之间的贸易往来也更为密切与频繁，计量是维护正常贸易秩序和保障贸易双方利益的重要利器。

（4）计量与人民生活。计量从度量衡开始就与人民生活密切相关，随着计量的发展，计量逐渐渗透到人民生活的各个方面。

五　被测量及影响量

（一）被测量

被测量是指作为测量对象的特性量。也就是说，出于某个测量目的，被测量就是人们想要测得的量。被测量可以是物理量，还可以是化学量、生物量等各种可被测量的量。

（二）影响量

影响量是指不是被测量但对测量结果有影响的量。测量过程中会受到各种因素的影响，这些影响量会对测量结果的准确度产生影响。

六　量的真值和约定量值

（一）量的真值

量的真值是指与给定的特定量定义一致的值。量的真值是一个理想的概念，理论上只有通过"完善"的测量才能获得，但是测量过程中不可避免地会受到各种影响量的影响，所以真值是不能通过测量得到的，只能通过测量获得接近真值的一组量值。

（二）约定真值

约定真值是指对于给定目的具有适当不确定度的、赋予特定量的值，有时该值是约定采用的。约定真值仅是真值的估计值，是具有不确定度的，但国际约定量值通常被公认为具有相当小的测量不确定度。因此，对于一定的测量目的而言，可以认为约定真值充分接近于真值，约定真值可以代替真值来使用。

七　描述测量结果的术语

（一）测量误差的定义、来源与分类

测量结果与被测量真值之差称为测量误差，可简称为误差。显然知道测量结果与真值就能得到测量误差，由于真值是理想概念不能通过测量得到，所以测量误差也是一个概念性术语。但是为了评估测量结果偏离真值的程度，实际测量中，通常采用"约定真值"代替"真值"，这时测量误差是可以获得的，此时的测量误差实际是测量误差的估计值。

测量过程的不完善或者测量条件的不理想会使测量结果偏离真值，引起测量误差。测量误差是客观存在的，世间不存在任何完美测量可以得到绝对准确的测量结果，但是有必要了解误差的来源，改进措施减小误差，使测量结果尽可能地接近真值。

测量误差主要来源于以下三个方面：

（1）测量仪器带来的误差：测量仪器在制作上的不完善和校准后存在的残余误差不可避免给测量带来误差。

（2）测量人员带来的误差：由于测量人员个人习惯和测量水平的不同，仪器操作、测量读数会给测量带来误差。

（3）环境因素带来的误差：测量过程中环境温度、湿度、气压、风力等因素的变化也会影响测量结果。

根据误差的来源和特点，测量误差可分为系统误差和随机误差两种：

（1）系统误差。系统误差是指在重复条件下对同一被测量进行多次测量，出现较大程度保持恒定或按一定规律变化的误差。系统误差是在测量过程中测量条件或方法偏离正确造成的，对测量结果的影响较为固定，它具有重复性、单向性和可测性的特点。通过系统误差能得到测量结果的期望值偏离真值的程度。掌握系统误差的规律，就能为消除或减小误差提供依据。

（2）随机误差。在重复条件下对同一被测量进行多次测量，测量误差时大时小、时正时负，无规律变化，这种测量误差称为随机误差。随机误差是测量过程中各种不可控因素的变化给测量造成的干扰带来的误差，在操作中不可避免，它具有随机性和可统计性，大量的重复性测试下随机误差服从正态分布。

（二）测量准确度、测量正确度和测量精密度

（1）测量准确度。测量准确度是测量结果与被测量的真值之间的一致程度。由于真值是理想概念无法测得，所以准确度仅是一个定性的概念，不能定量给出数值，只能用准确度高低或准确度等级来评价测量的质量。它反映了测量结果中系统误差和随机误差的综合，即测量结果既不偏离真值，又不离散的程度。

（2）测量正确度。测量正确度是指多次重复测量，测得值的平均值与真值的一致程度。正确度常用来表示测量结果中系统误差大小的程度，正确度高则表明测量结果的平均值偏离真值小。

（3）测量精密度。测量精密度是指在规定条件下，各独立测试结果之间的一致性。也可以说，精密度是对测量结果重复性的评价，反映测量结果中随机误差大小的程度。精密度高则表明测量结果重复性好，多次测量结果分散性小，随机误差小。

（三）测量重复性和测量复现性

测量重复性即重复性，是指在同一个测量人员，在相同的地点和测量条件下，采用相同测量方法、相同的测量器具对同一被测量进行重复的测量。

测量复现性即复现性，是指不同的测量人员，在不同的地点下，采用不同的测量器具对同一被测量进行重复的测量。在给出复现性时应说明改变和未变条件以及实际条件改变的程度。

（四）测量不确定度

测量不确定度是指根据所用到的信息，表征赋予被测量量值分散性的非负参数。也可以理解为，测量不确定度是表示对测量结果不确定的程度或对测量结果有效性的怀疑程度。由于测量条件的不完善及人们的认识不足，使被测量的真值不能

被确切地知道，测量值以一定的概率分布落在某个区域内。

测量不确定度在不同的场景下术语表示有所不同，对于测量结果的定量评定来说，常见的描述术语有：标准不确定度、合成不确定度以及扩展不确定度。

标准不确定度就是指用标准偏差表示的不确定度，用符号 u 表示。测量结果的不确定度一般来源于多个分量，对每个分量的不确定度评定的标准偏差，称为标准不确定度分量，用符号 u_i 表示。标准不确定度有 A 类和 B 类两类评定方式。其中一些分量可根据一系列测量值的统计分布来评定，称为不确定度的 A 类评定。而另一些分量则可根据经验或其他信息假设的概率分布来评定，称为不确定度的 B 类评定。

合成不确定度就是指由各标准不确定度分量合成的标准不确定度，用符号 u_c 表示。

扩展不确定度是由合成标准不确定度 u_c 扩展了 k 倍得到，用符号 U 表示，$U=ku_c$。扩展不确定度确定了测量结果可能值所在的区间。测量结果可以表示为：$Y=y\pm U$，y 为被测量的最佳估计值。被测量的值 Y 以一定的概率落在（$y-U$，$y+U$）区间内，该区间称为包含区间。所以扩展不确定度是测量结果的包含区间的半宽度。

 测量仪器及其特性

（一）概念

测量仪器是指单独或连同多个辅助设备共同用于测量的装置，也称为计量器具。这里测量仪器是广义的概念，它不仅仅是指各类用于测量的仪器，而是计量仪器、实物量具以及标准物质的总称。它是将被测对象量值转换为指示值或者等值信息的一种技术手段。为了达到既定的测量要求，测量仪器的计量学特性须符合规范要求，特别是测量仪器的准确度必须符合规定要求。

（二）分类

（1）实物量具。实物量具是以固定形态复现或提供给定量的一个或多个已知值的计量器具。常见的实物量具有：砝码、游标卡尺、标准电阻、量块、标准信号发生器、电阻箱、电容器、电感器等。

（2）计量仪器。计量仪器从不同的角度有不同的分类方式，根据测量方法可分为直读式计量仪器、零位式计量仪器、微差式计量仪器。

1）直读式计量仪器。直读式计量仪器是采用直接比较法来测量出被测量的量值。这类仪器出厂前需采用标准量值对仪器进行标定，测量过程中根据被测量所引起的示值变化，直接读出量值。这类仪器操作简单方便，能快速获得被测量量值。常见的直读式计量仪器有：电流表、电压表、数字式压力计等。

2）零位式计量仪器。零位式计量仪器是采用零位测量法，简单概括就是在测量过程中不研究被测量的本身，而是将被测量与已知量进行比较，通过测量操作使两者量的差值为0，此时被测量的量值即为已知量的量值。天平、基于桥式电路的电阻测量仪、电位差计均属于这类计量仪器。

3）微差式计量仪器。微差式计量仪器是采用微差测量法，就是将被测量与同类已知量进行比较，通过测量两者量值的差值来确定被测量的量值。例如用量块和比较仪来测量轴的直径，先采用合适的量块将比较仪调零，然后用比较仪测量被测轴，此时比较仪的示值就是被测轴直径与调零量块尺寸之差，比较仪示值与调零量块尺寸相加就可以得到被测轴的直径。

（3）标准物质。标准物质是判别产品质量、校准测量仪器、评价分析检测方法以及给材料赋值所需要的物质或材料，它具有稳定、可靠、准确的特点。标准物质按性质可划分为化学成分标准物质、物理特性和物理化学特性标准物质、工程技术特性标准物质。

（三）特性

1.静态特性

（1）示值：是由测量仪器或测量系统给出的被测量的量值，包含显示器的显示值、记录器的记录值以及测量仪器的声响等。测量仪器的示值误差等于示值与被测量真值的之差。

（2）响应特性：在确定条件下，激励与对应响应之间的关系。激励就是输入信号，响应就是输出信号。对一个完整的测量仪器来说，激励就是输入信号即被测量，而响应就是输出信号即对应输出的示值。显然，只有准确地确定了测量仪器的响应特性，其示值才能准确地反映被测量值。因此，可以说响应特性是测量仪器最基本的特性。

（3）灵敏度：是测量仪器的响应变化除以激励变化得到的商，即输出量的增量与输入量的增量之比。灵敏度反映测量仪器输入量变化对仪器输出量变化的影响程度。

（4）分辨力：指示或显示装置能有效辨别的最小的示值差。分辨力是在仪器设计阶段根据显示需求而设定的，不需要通过测量来确定。指示或显示装置按示值显示方式可分为：模拟式、数字式和半数字式。常见的是模拟式指示仪表，其分辨力为标尺上任意两个相邻标记之间间隔所表示的示值差（最小分度值）的一半。如数字电压表最低一位数字变化 1 个字的示值差为 1μV，则分辨力为 1μV。

（5）鉴别阈：引起相应示值不可检测到变化的被测量值的最大变化。也就是说，当输入变化量小于该阈值时，仪器不能察觉该输入量的变化进而不引起示值变化。反之，仪器能察觉该输入变化，进而示值发生变化。鉴别阈是性能参数，需要通过测量而确定。例如，一台电位差计，当输入量在同一行程方向逐渐增大至 0.03mV 时，指针才产生了可觉察的变化，则其鉴别阈为 0.03mV。鉴别阈的产生原因可能与噪声（内部或外部的）或摩擦阻尼等有关。

（6）稳定性：测量仪器保持其计量特性随时间恒定的能力。稳定性可用以下两种方式进行定量的表征：用计量特性的某个量发生规定的变化所需经过的时间，或用计量特性经过规定的时间所发生的变化量来进行定量表示。

2. 动态特性

（1）响应特性：在一定条件下，激励与对应响应之间的关系。在动态测量中，测量仪器的激励或输入是随时间变化的函数，其响应或输出也是时间的函数。一般认为它们的关系可以用常系数微分方程来描述。测量仪器在振幅稳定不变的正弦激励下的响应特性，通常称为稳态响应特性；而在突然瞬变的非周期（比如阶跃、脉冲、斜坡）激励下的响应特性，通常称为瞬态响应特性。

（2）阶跃响应时间：测量仪器的输入量变化瞬间，到输出量达到稳定瞬间之间的间隔时间。这是测量仪器响应特性的重要参数之一。这是指在输入输出关系的响应特性中，考核随着激励的变化其阶跃响应时间反映的能力，阶跃响应时间越短，表明指示越灵敏，有利于进行快速测量或调节控制。

3.其他特性

（1）标称值：测量仪器上表明其特性或指导其使用的量值，该值为圆整值或近似值。例如：标在标准电阻器上的标称量值：100Ω；标在单刻度量杯上的量值：$100mL$。

（2）测量范围：测量仪器所能测量到的最小被测量与最大被测量之间的范围。量程为最大被测量与最小被测量之差的绝对值，例如数字压力计的测量范围为（$-100\sim100$）kPa，量程为$200kPa$。

（3）检出限：指测量方法在适当的置信水平内，能够给定样品中测量出被测组分的最低量或最低浓度。仪器检出限一般用于仪器间的性能比较。

（4）漂移：由于测量仪器计量特性的变化引起的示值在一段时间内的连续或增量变化。对于在线监测仪器常考察零点漂移和量程漂移指标。

（5）准确度等级：在规定工作条件下，符合规定的计量要求，使测量误差或仪器不确定度保持在规定极限内的测量仪器的级别。

（6）最大允许误差：对给定的测量仪器，规范、规程等所允许的误差极限值。

（7）引用误差：测量仪器的绝对误差与仪器特定值之比，此处特定值可以是仪器量程或者测量范围的上限。

九　测量标准

测量标准被定义为是具有确定的量值和相关联的测量不确定度，实现给定量定义的参照对象。例如：具有标准测量不确定度为$3\mu g$的$1kg$质量测量标准；具有标准测量不确定度为$1\mu\Omega$的100Ω标准电阻器；对5种不同蛋白质中每种的质量浓度提供具有测量不确定度的量值的有证标准物质。测量标准是复现计量单位、确保国家计量单位制的统一和量值准确可靠的物质基础，它是我国实施量值传递与量值溯源、开展计量检定或校准的重要保证，具有非常重要的地位和作用。

测量标准有多种分类形式，按用途可分为计量基准与计量标准两大类。

（一）计量基准

计量基准是指用以定义、实现、保持或复现计量单位或一个或多个已知量值的实物量具、物质、计量仪器或计量系统，在特定领域内具有最高计量特性的计量标准。在我国也称为国家计量基准，是由国家规定作为统一全国量值最高依据的计量标准。计量基准具有复现、保存、传递单位量值三种功能，其定义范围包括了实现上述功能所需的标准器及配套设备。

国家计量基准由国家计量行政部门负责建立，其使用也需满足相应管理办法，经国家计量行政部门审批并颁发计量基准证书后，才可使用。

计量基准按层次等级和组合形式可分为国家基准、副基准和工作基准三种：

（1）国家基准即国家计量基准的简称。由于各测量参数国家基准数量非常的少，大部分每个测量参数国家基准只有一个。整套国家基准是全国量值统一的基准，因此，为维护国家基准的计量特性非必要情况不轻易使用。例如千克原器的使用，需经过国际计量委员会的批准，从1889年建立以来，其使用次数屈指可数。

（2）副基准是通过与国家基准比较来定值的计量标准，它作为复现计量单位的地位仅次于国家基准。通常国家基准与副基准是被分别设置在两个地方，国家基准仅用作保存计量单位，副基准来实际承担量值传递的统一作用。若国家基准发生损坏，副基准可用来代替国家基准。具体需按照实际情况来设定或不设定副基准。国家基准和副基准绝大部分均设置在国家计量研究机构中。

（3）工作基准是通过与副基准比较来定值的计量标准。当不设副基准时，则直接与国家基准比较，它用以检定一等计量标准或高精度的工作计量器具。设工作基准的目的是不使国家基准和副基准由于频繁使用而降低其计量特性或遭受损坏。工作基准一般设置在国家计量研究机构内，也可视需要设置在工业发达的省级和部门的计量技术机构中。

（二）计量标准

计量标准用于检定或校准其他计量标准或工作计量器具的测量标准，其测量单位的复现准确度低于相应的计量基准。

在我国，计量标准按法律地位、使用和管辖范围的不同，可分为社会公用计量标准、部门计量标准和企事业单位计量标准三类。社会公用计量标准不仅是实现当地量值统一的依据，经其量值传递的数据更是处理计量纠纷的仲裁依据，在计量监督的实施中担当"公证人"角色。为了使各项计量标准能在正常技术状态下进行量值传递，保证量值的溯源性，《计量法》规定凡建立社会公用计量标准、部门和企事业单位最高计量标准，必须依法考核合格后，才有资格开展量值传递。

计量标准按其所复现单位的精度可划分为若干等级。计量标准主要分为3大类，即社会公用计量标准、部门计量标准和企事业单位计量标准。根据我国计量法规，建立计量标准的单位应当向有关政府计量行政部门申请计量授权。所有申请计量授权的计量标准，无论是最高等级的计量标准还是其他等级的计量标准，都必须经过授权的政府计量行政部门对其进行考核，考核合格获得计量标准考核证书后，才能开展量值传递。

根据计量法规，计量标准考核合格，可开展量值传递的范围为：

（1）社会公用计量标准向社会开展计量检定或校准。

（2）部门计量标准在本部门内部开展非强制检定或校准。

（3）企事业单位计量标准在本单位内部开展非强制检定或校准。

若部门和企事业单位需要超过规定的范围开展量值传递或者执行强制检定工作，需申请经有关计量行政部门授权，才能在授权范围内开展量值传递或执行强制检定工作。

第4节
计量标准的建立、考核及使用

 计量标准的建立

（一）计量标准的建立原则

计量标准是在一定范围内统一量值的依据，是介于计量基准与工作计量器具之间的计量器具。根据量值传递的需要，计量标准按其单位复现的准确度划分为若干等级。

计量标准的建立，既要考虑社会效益，也要考虑经济效益。不能盲目追求高、精、尖或大而全。应从科研、生产、服务的实际需要出发，建立与部门、行业或企事业单位相适应的计量标准等级或技术要求。

（二）计量标准建立前期工作

建立计量标准对人员、仪器以及环境具有较高的专业性要求。JJF 1033—2023《计量标准考核规范》、国家计量检定系统表以及相应类目的计量检定规程和计量技术规范为各类计量标准建立的要求及流程提供了详细的说明，它们也是建立计量标准的技术依据。申请建立计量标准的单位（以下简称建标单位）应严格遵循以上技术依据，并按照如下六个方面的要求做好以下准备工作：

（1）科学合理、完整齐全地配置计量标准器及配套设备。

（2）计量标准器及主要配套设备应当取得有效检定或校准证书。

（3）新建计量标准应当经过至少半年的试运行，在此期间考察计量标准的稳定性等计量特性，并确认其符合要求。

（4）环境条件及设施应当满足开展检定或校准工作的要求，并按要求对环境条件进行有效监测和控制。

（5）每个项目配备至少两名具有相应能力的检定或校准人员，并指定一名计量标准负责人。

（6）建立计量标准的文件集，文件集中的计量标准的稳定性考核、检定或校准结果的重复性试验、检定或校准结果的测量不确定度评定以及检定或校准结果的验证等内容应当符合 JJF 1033—2023《计量标准考核规范》的有关要求。

（三）计量标准申请及考核

新建计量标准单位按 JJF 1033—2023《计量标准考核规范》中的考核要求完成准备工作后，可向主持考核的人民政府计量行政部门提出建标申请，并提交以下资料：

（1）《计量标准考核（复查）申请书》原件一式两份和电子版一份。

（2）《计量标准技术报告》原件一份。

（3）计量标准器及主要配套设备有效的检定或校准证书复印件一套。

（4）开展检定或校准项目的原始记录及相应的模拟检定或校准证书复印件两套。

（5）检定或校准人员能力证明复印件一套。

（6）可以证明计量标准具有相应测量能力的其他技术资料（如果适用）复印件一套。

主持考核的人民政府计量行政部门收到建标单位的申请资料后，负责对申请资料进行初步审核：

（1）对于申请资料齐全并符合要求的，受理申请，发送受理决定书。

（2）对于申请资料存在错误或不齐全，受理部门可要求建标单位限期内进行更正或补全处理，建标单位经补充符合要求的予以受理。

（3）若申请不属于受理范围的，发送不予受理决定书，并将有关申请资料退回建标单位。

受理建标单位的申请后，主持考核的人民政府计量行政部门了解建标单位基本情况后组织考核工作，各项目至少安排1人执行考评任务，并将考评单位及考核计划告知建标单位。考核形式分为书面考核和现场考核两项。对于新建计量标准，考评员首先对建标单位进行书面考评，主要详细审查建标单位提交的申请材料，评定申请材料是否正确和详尽，所建计量标准是否满足法制和技术的要求，是否具有相应测量能力。书面考核合格的，可继续进行现场考核，书面考核存在问题的，可要求考核单位规定时间内进行整改补充，整改后符合要求，则书面考核通过；否则，不予通过。现场考核是考评员通过现场观察、资料核查、现场实验和现场提问等方法，对计量标准的测量能力进行确认。现场考核重点是对计量人员的现场实验操作能力和专业知识储备水平进行考评。现场考核结束后，由考评组组长或考评员组织会议现场报告考核情况及考核结论，需要整改的应当确认不符合项或缺陷项，提出整改要求和期限。建标单位经整改合格后，认定计量标准考核合格，颁发《计量标准考核证书》，有效期为5年。

建标机构经计量标准考核合格，获得《计量标准考核证书》后，才有资格开展量值传递，社会公用计量标准向社会开展量值传递工作；部门和企事业单位计量标准，作为统一本部门、本单位量值的依据，并限定在本部门、本单位内开展非强制检定或校准。根据需要，若部门和企事业单位需要超过规定的范围开展量值传递或者执行强制检定工作，需申请经有关计量行政部门授权，才能在授权范围内开展量值传递或执行强制检定工作。

对于《计量标准考核证书》距离有效期仅剩 6 个月单位或机构，需立即向有关计量行政部门提出计量标准复查申请，复查申请所需提交的资料相较于新建标存在些许不同，具体要求可按照 JJF 1033—2023《计量标准考核规范》进行准备。

计量检定、校准和检测的实施

（一）检定、校准、检测定义

计量检定是指查明和确认计量器具是否符合法定要求的程序，它包括检查、加标记和（或）出具检定证书。检定的本质就是评定计量器具的外观、计量特性是否符合法定规程要求，给出合格与否的结论，并出具加盖印章的证书。检定具有法制性，其对象是《中华人民共和国依法管理的计量器具目录》内包含的所有计量器具。检定按其管理性质可分为强制检定和非强制检定。强制检定是指法定计量检定机构或授权的计量检定机构对列入强制管理的计量器具和社会公用标准、部门及企事业各项最高计量标准进行定期检定。这类检定是政府强制实施而非自愿的。

校准是在规定条件下，为确定测量仪器或测量系统所指示的量值，与对应的由标准所复现的量值之间关系的一组操作。校准的目的是确定被校准对象的示值与对应的由计量标准所复现的量值之间的关系，以实现量值的溯源性。

检测是对给定产品，按照规定程序确定某一种或多种特性、进行处理或提供服务所组成的技术操作。

（二）计量检定、校准、检测过程

检定、校准或检测过程中的计量人员、检定规程或技术规范、标准器具、环境条件、原始记录、数据处理是实施检定、校准及检测并确保计量结果准确可靠的 6

大关键要素。

1. 计量人员

计量操作人员作为计量检定的主体，在计量检定、校准、检测中发挥着重要的作用。对计量操作人员具有以下要求：首先，计量操作人员须具有良好的职业道德等；其次，操作人员熟悉有关计量的法律、法规，并熟练掌握自己所检定项目的检定规程、技术规范等。最后，①对于法定计量检定机构和人民政府计量行政部门授权的计量机构的检定人员，应当持有相应等级的《注册计量师资格证书》和人民政府计量行政部门颁发的具有相应项目的《注册计量师注册证》，或持有有关人民政府计量行政部门颁发的具有相应项目的原《计量检定员证》（该证书于2016年开始取消资格许可），或持有当地省级人民政府计量行政部门颁发的具有相应项目的原《计量检定员证》，或持有当地省级人民政府计量行政部门或其规定的市（地）级人民政府计量行政部门颁发的具有相应项目的"计量专业项目考核合格证明"。②企、事业单位的检定或校准人员，不要求必须持有人民政府计量行政部门颁发的计量检定人员证件，但其检定人员应经过相关计量培训并获得培训合格的证明，具备从事检定或校准工作的相应能力。

2. 检定规程、技术规范

计量检定规程属于计量技术法规，是计量器具检定必须遵循的法定条文。计量检定规程的内容主要包括了计量要求、技术要求和管理要求等方面，即适用范围、计量器具的计量特性、检定项目、检定条件、检定方法、检定周期以及检定结果的处理和附录等。

计量检定规程的功能是统一检定方法，保证计量器具量值的准确一致。因此，检定需严格按照现行有效的相关国家计量检定规程所规定的方法、周期进行，若无相关国家计量检定规程，那么可按照部门或地方制定的检定规程进行。

校准应根据客户的需求来选择适宜的现行有效的国家校准规范进行校准，若无国家级的校准规范，则可根据需要选择计量检定规程或其他权威机构发布的校准规范、技术规范。也可以使用自编的校准方法文件，自编校准方法文件应符合JJF 1071—2010《国家计量校准规范编写规则》，且自编校准文件需经确认后才能使用。

3. 标准器具

计量标准器具应按国家计量检定规程和国家计量校准规范执行。如果依据的是其他文件，应根据被检或被校计量器具的计量技术指标，选择国家计量检定系统表中显示的上一级计量标准或基准。

4. 环境条件

计量检定、校准、检测的环境条件应符合现行有效的计量检定规程或技术规范中的要求，即湿度、温度、防尘、防震、防腐蚀、抗干扰等环境条件和工作场所需满足计量标准正常工作条件。

5. 原始记录

原始记录是检定、校准、检测结果的客观基础，是检定、校准、检测程序和计量结果的原始凭证，是出具相应类别报告的重要依据。所以，在检定、校准、检测过程中，计量操作人员必须将测量最真实数据记录下来，不得虚构、伪造数据。

原始记录应包含检定规程或技术规范依据、所用的计量标准器具和其他仪器设备、测量项目、测量次数、每次测量的数据、环境参数值、数据的计算处理过程、测量结果的不确定度及相关信息、由测量结果得出的结论及需要时所作的解释、测量日期以及测量人员、核验人员的签名等。

原始记录由计量管理工作人员按时间和类别保存管理，便于用户查询及计量标准复查过程提供必要的检定原始记录。原始记录保存周期按照检定、校准或检测的需要及各单位管理制度执行，超过保存期的原始记录，按管理规定办理相关手续后给予销毁。

6. 数据处理

对测量数据进行处理时，必须合理的保留有效数字，有效数字是指测量值从第一个不是零的数字起到最末位需要保留的全部数字称为有效数字。

对多余位的数字按照一定规则进行取舍，称为数据修约，修约规则为："四舍六入，逢五取偶"。具体方法为：若保留 n 位有效数字，当第 $n+1$ 位 ≤ 4，则 n 不变；若 $n+1$ 位 ≥ 6 时，则 n 位数字加 1；当 $n+1$ 位 =5 时，n 位为总保持是偶数，即 n 位为偶数则 n 不变，n 位为奇数则 n 位数字加 1 取为偶数。

对有效数字进行修约时，只能对原测量数据一次修约到所需要的位数，不能连续多次修约。例如将 6.1458 修约到两位，应为 6.1，若采用 6.1458 → 6.146 → 6.15 → 6.2 是不对的。

测量结果的末位一般应修约到与其测量不确定度的末位对齐。

 三 证书和报告的出具

（一）证书、报告的分类

1. 检定证书和检定结果通知书

凡是依据计量检定规程实施检定，检定结论为"合格"的，出具的证书名称为"检定证书"。检定证书一般应包含以下信息：证书编号、页号和总页数；发出证书的单位名称；委托方或申请方单位名称；被检定计量器具名称、型号规格、制造厂、出厂编号；检定结论（应填写"合格"或在"合格"前冠以准确度等级）；检定、核验、批准人员用墨水笔签名，或经授权的电子签名；检定日期：××××年××月××日；有效期至：××××年××月××日；本次检定依据的计量检定规程名称及编号；本次检定使用的计量标准器具和主要配套设备的有关信息（名称、型号、编号、测量范围、准确度等级/最大允许误差/测量不确定度、检定或校准证书号及有效期等）；本次检定所使用的计量基准或计量标准装置的有关信息（名称、测量范围、准确度等级/最大允许误差/测量不确定度、计量基准证书或计量标准证书编号及有效期）；检定的地点；检定时的环境条件；检定规程规定的检定项目（如外观检查、各种计量性能、示值误差等），及其结果数据和结论，以及检定规程要求的其他内容。如果检定过程中对被检定对象进行了调整或修理，应注明经过调修，如果可获得，应保留调整或修理前后的检定记录，并报告调整或修理前后的检定结果。此外还应包括每页的页号和总页数以及本次检定的原始记录号。检定证书内容表达结束，应有终结标志。

当检定结论为"不合格"时，出具证书名称为"检定结果通知书"。其结论为"不合格"或"见检定结果"，只给出检定日期，不给有效期，在检定结果中应指出不合格项。其他要求与"检定证书"相同。

2. 校准证书

凡依据国家计量校准规范，或非强制检定计量器具依据计量检定规程的相关部分，或依据其他经确认的校准方法进行的校准，出具的证书名称为"校准证书"。

校准证书一般应包含以下信息：证书编号；发出证书单位的名称和地址、委托方的名称和地址；被校准计量器具或测量仪器的名称、型号规格、制造厂出厂编号；被校准物品的接收日期：××××年××月××日；校准日期：××××年××月××日；本次校准依据的校准方法文件名称及编号；本次校准所使用的计量标准器具和配套设备的有关信息（名称、型号、编号、测量范围、准确度等级/最大允许误差/测量不确定度、检定或校准证书号及有效期等）；校准的地点（如本实验室或委托方现场）；校准时的环境条件（如温度值、湿度值等）；校准规范规定的校准项目（如校准值、示值误差、修正值或其他参数），及其结果数据和测量不确定度；校准、核验、批准人员用墨水笔签名，或经授权的电子签名；本次校准的原始记录号，以及每一页的页号和总页数。如果校准过程中对被校准对象进行了调整或修理，应注明经过调修，如果可获得，应报告调整或修理前后的校准结果。如果顾客需要对校准结果给出符合性判断，应指明符合或不符合所依据文件的哪些条款。关于校准间隔，如果是计量标准器具的溯源性校准，应按照计量校准规范的规定给出校准间隔。除此以外，校准证书上一般不给出校准间隔的建议。如果顾客有要求时，可在校准证书上给出校准间隔。校准证书内容表达结束，应有终结标志。

（二）证书、报告出具流程

各类检定、校准、检测完成后，计量技术机构应根据规定要求以及测量结果，按照检定规程、技术规范所规定的格式，出具相应的检定证书、检定结果通知书、校准证书、检测报告。上述证书及报告要求术语规范、用字正确、无遗漏、无涂改，数据准确、清晰、客观，信息完整全面、结论明确。

证书、报告经检定（校准、检测）人员、核验人员、批准人员（主管人员、授权签字人）签字，加盖计量检定（校准、检测）机构的印章后发出。

上述证书及报告是检定、校准、检测工作的结果，是承担法律责任的重要凭证。因此，出具的证书、报告均须一式两份且完全一致，一份发出给客户，另一份作为副本进行存档管理。

四 测量误差的处理

（一）随机误差的评估

随机误差是重复测量中各种不可控因素的变化给测量带来的误差，它大小反映了测量值的离散程度。大量的重复性测试下随机误差多数服从正态分布，图1-2描述了正态分布下概率密度函数 $f(\sigma)$ 的密度分布曲线，图中标准差 σ 是表征测量值的分散程度。由图1-2可知，标准差 σ 越小，概率密度分布曲线越陡峭，说明测量值的分散程度越小，随机误差出现的概率就越小。

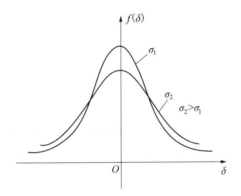

图1-2　密度分布曲线

在对随机误差进行评估时应计算一下参数：

（1）算术平均值 $\bar{x}$。在相同测量条件下对被测量进行多次重复测量，得到一系列不同的测得值，其算术平均值为

$$\bar{x} = \frac{\sum\limits_{i=1}^{n} x_i}{n} \qquad (1\text{-}1)$$

（2）实验室标准差 $S(x)$。由于被测量真值是理想概念，无法通过测量获得，因此，在实际测量中，将实验室标准偏差 $S(x)$ 作为标准差 σ 的最佳估计值，实验室标准偏差 $S(x)$ 公式如下

$$S(x) = \sqrt{\frac{\sum\limits_{i=1}^{n} (x_i - \bar{x})^2}{n-1}} \qquad (1\text{-}2)$$

式中：$x_i - \bar{x}$ 称为残差，即单次测量误差。

（3）算数平均值的标准偏差 $S(\bar{x})$ 为

$$S(\bar{x}) = \frac{S(x)}{\sqrt{n}} \qquad (1-3)$$

（4）极限误差 δ。随机误差将 $\delta = \pm 3S(x)$ 作为极限误差，由于 $\delta = \pm 3S(x)$ 时，置信概率为 99.73，随机误差超出范围的概率仅为 0.27%，可理解为 1000 次测量中仅有 3 次的测量值可能落在 $[-3S(x), 3S(x)]$ 之外。

（二）系统误差的评估

1. 评估方法

（1）试验对比法。保持测量条件不变，采用等级更高的标准器对被测量进行相同测试，将两次的测试结果进行对比，从而获得定值系统误差。

改变某一测量条件，观察改变前后的测量结果的变化趋势，从而确定存在的系统误差。

（2）残差观察法。重复条件下对被测量进行多次等精度测量，获得测量值 $x_1, x_2, \cdots, x_n$，计算测量残差 $\varepsilon_1, \varepsilon_2, \cdots, \varepsilon_n$，将残差 ε_i 绘制为曲线进行观察，判断其规律性，进而发现可变的系统误差。

2. 修正方法

在实际测量中，系统误差产生的原因繁杂且多样，部分系统误差较为隐蔽，系统误差修正与测量的对象、方法、仪器、人员经验息息相关，不同情况需采取不同的方法，常见的系统误差修正方法有以下几种：

（1）从产生误差根源上消除系统误差。在测量前分析被测对象的特点和可能造成系统误差的因素，选择适宜的测量方法、检测系统或仪器仪表，创造满足测量要求的环境条件，使系统误差不产生或尽可能产生较小的系统误差。

（2）采用修正法减小系统误差。若已知是定值系统误差，测量前采用高一级计量标准对仪器进行检定或校准，根据修正值对测得值进行修正减小系统误差。例如：测得值为 20kPa，上级计量标准给出的修正值为 +2kPa，则已修正的测得值为 22kPa。

（3）采用试验比较法减小系统误差。

1）改变测量中的某些条件，例如测量方向、电压极性等，使两种条件下测得值的误差符号相反，取其平均值以消除系统误差。

2）交换测量条件，例如被测物的位置相互交换，设法使两次测量中的误差源对测得值的作用相反，从而抵消了系统误差。

3）保持测量条件不变，用已知量值的标准器替代被测量进行测量，使指示仪器的指示不变或指零，此时被测量等于该标准量，达到消除系统误差的目的。

（4）对称测量法消除线性系统系统误差。若测量中某参数随时间作线性变化，合理设计测量顺序，取对称时刻点进行测量，再采用一定的计算方法，消除线性漂移引入的系统误差。

（三）粗大误差的判断与剔除

1. 判断方法

（1）物理判别法。在测量过程中逐一核实测量数据和测量条件，若存在读数错误、操作错误、测量条件不符合要求、环境变化明显时，应及时纠正，将明显错误数据予以剔除，甚至重新测量。

（2）统计判别法。完成全部测量后，用统计的方法来处理测量数据，若某测量值的测量误差超出该置信概率下的极限误差要求，则认为该测得值为粗大误差。

2. 剔除准则

（1）拉伊达准则。拉伊达准则又称 3σ 准则。当重复观测次数充分大的前提下（ $n > 10$ ），设按贝塞尔公式计算出的实验标准偏差为 s ，若某个可疑值的残差的绝对值 $|x_i - \overline{x}|$ 大于等于 $3s$ 时，则认为该测得值为异常值，应予以剔除。

$$|x_i - \overline{x}| \geq 3s \qquad (1\text{-}4)$$

（2）格拉布斯准则。对被测量进行重复观测得到一组测得值 x_i ，在给置信概率 p 为 99% 或 95% 时，若某个可疑值的残差绝对值 $|x_i - \overline{x}|$ 与标准偏差 s 之比大于等于格拉布斯临界值 $G(\alpha, n)$ （见表 1-7），可以判定该值为异常值。

$$\frac{|x_i - \overline{x}|}{s} \geq G(\alpha, n) \qquad (1\text{-}5)$$

表 1-7 格拉布斯临界值 $G(\alpha,n)$ 表

n	$p=1-\alpha$		n	$p=1-\alpha$	
	95%	99%		95%	99%
2	1.153	1.155	17	2.475	2.785
4	1.463	1.492	18	2.504	2.821
5	1.672	1.749	19	2.532	2.854
6	1.822	1.944	20	2.557	2.884
7	1.938	2.097	21	2.580	2.912
8	2.032	2.221	22	2.603	2.939
9	2.110	2.323	23	2.624	2.963
10	2.176	2.410	24	2.644	2.987
11	2.234	2.485	25	2.663	3.009
12	2.285	2.550	30	2.745	3.103
13	2.331	2.607	35	2.811	3.178
14	2.371	2.659	40	2.866	3.240
15	2.409	2.705	45	2.914	3.292
16	2.443	2.747	50	2.956	3.336

（3）狄克逊准则。假设重复观测得到一组测得值从小到大排序为 $x_1,x_2,\cdots,x_n$。按以下几种情况计算 γ_{ij} 或 γ'_{ij}：

1）在 $n=3\sim7$ 情况下

$$\gamma_{10}=\frac{x_n-x_{n-1}}{x_n-x_1},\gamma'_{10}=\frac{x_2-x_1}{x_n-x_1} \tag{1-6}$$

2）在 $n=8\sim11$ 情况下

$$\gamma_{11}=\frac{x_n-x_{n-1}}{x_n-x_2},\gamma'_{11}=\frac{x_2-x_1}{x_{n-1}-x_1} \tag{1-7}$$

3）在 $n=11\sim13$ 情况下

$$\gamma_{21}=\frac{x_n-x_{n-2}}{x_n-x_2},\gamma'_{21}=\frac{x_3-x_1}{x_{n-1}-x_1} \tag{1-8}$$

4）在 $n \geq$ 情况下

$$\gamma_{22} = \frac{x_n - x_{n-2}}{x_n - x_3}, \gamma'_{22} = \frac{x_3 - x_1}{x_{n-2} - x_1} \tag{1-9}$$

此处均简化为 γ_{ij} 和 γ'_{ij}，设 $D(\alpha, n)$ 为狄克逊检验的临界值，判定异常值的狄克逊准则为：

当 $\gamma_{ij} > \gamma'_{ij}, \gamma_{ij} > D(\alpha, n)$，则 x_n 为异常值；

当 $\gamma_{ij} < \gamma'_{ij}, \gamma'_{ij} > D(\alpha, n)$，则 x_1 为异常值。

此准则每次只能剔除一个，若需剔除多个，则需重新排序计算统计量 γ_{ij} 和 γ'_{ij}。然后再进行下一个异常值的判断。狄克逊检验的临界值见表 1-8。

表 1-8　　　　　　　　　狄克逊检验的临界值 $G(\alpha, n)$ 表

n	统计量 γ_{ij} 或 γ'_{ij}	$p=1-\alpha=95\%$	$p=1-\alpha=99\%$
3		0.970	0.994
4		0.829	0.926
5	γ_{10} 和 γ'_{10} 中较大者	0.710	0.821
6		0.628	0.740
7		0.569	0.680
8		0.608	0.717
9	γ_{11} 和 γ'_{11} 中较大者	0.564	0.672
10		0.530	0.635
11		0.619	0.709
12	γ'_{21} 和 γ'_{21} 中较大者	0.538	0.660
13		0.557	0.638
14		0.586	0.670
15		0.565	0.647
16	γ_{22} 和 γ'_{22} 中较大者	0.546	0.627
17		0.529	0.610
18		0.514	0.594
19		0.501	0.580

n	统计量 γ_{ij} 或 γ'_{ij}	$p=1-\alpha=95\%$	$p=1-\alpha=99\%$
20		0.489	0.567
21		0.478	0.555
22		0.468	0.544
23		0.459	0.535
24		0.451	0.526
25	γ_{22} 和 γ'_{22} 中较大者	0.443	0.517
26		0.436	0.510
27		0.429	0.502
28		0.423	0.495
29		0.417	0.489
30		0.412	0.483

五 测量不确定度的评定与表示

（一）测量不确定度定义

测量不确定度是对测量结果不确定的程度或对测量结果有效性的怀疑程度，是表征被测量的真值落在某个区域内的概率，常用来表示被测量值的分散性。由不确定度定义可知，被测量的量值并不是一个确定的值，而是以估计值为中心向两侧分散的无限个可能值所构成的一个区间。例如被测量 Y 的测量结果为 $y \pm U$，其中 y 为被测量的估计值，U 为被测量的不确定度。

在实际测量过程，影响测量结果的精度有多方面因素，因此测量不确定度一般由若干个分量组成，不确定度分量的评定方法有 A 类评定与 B 类评定两种，一般根据分量来源与特点选择评定方法。不确定度的评定过程参见图 1-3。

通常被测量 Y 不能直接测得，而是由 n 个其他量的测得值 $x_1, x_2, \cdots, x_n$ 的函数来求得被测量 Y 的估计值 y，即有函数关系式为 $y = f(x_1, x_2, \cdots, x_n)$。

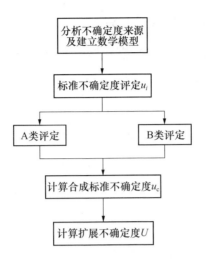

图 1-3 不确定度的评定流程

测量结果 y 的不确定度来源于 $x_1, x_2, \cdots, x_n$，则 y 的标准不确定度 u_y 取决于 x_i 标准不确定度 $u_{xi}(i=1,2,\cdots,n)$。

（二）标准不确定度的评定

1. 标准不确定度的 A 类评定

对被测量进行重复观测，并根据测量数据进行统计分析的方法，得到的实验标准偏差就是 A 类标准不确定度，常用的方法介绍如下。

（1）贝塞尔公式法。在相同条件下，对某量 X 进行 n 次独立重复的观测，得到的 n 个观测值 $x_i(i=1,2,3,\cdots,n)$，由式（1-10）得到被测量的最佳估计值 $\bar{x}$，即算术平均值

$$\bar{x} = \frac{1}{n}\sum_{i=1}^{n} x_i \qquad (1\text{-}10)$$

由贝塞尔公式可计算得到单次测量的标准差 $S(x_i)$

$$S(x_i) = \sqrt{\frac{\sum_{i=1}^{n}(x_i - \bar{x})^2}{(n-1)}} \qquad (1\text{-}11)$$

当测量结果的最佳估计值取算数平均值 $\bar{x}$ 时，$\bar{x}$ 的实验标准偏差 $S(\bar{x})$ 就是 A 类不确定度值 $u(\bar{x})$

$$u(\bar{x}) = S(\bar{x}) = \frac{S(x_i)}{\sqrt{n}} \qquad (1\text{-}12)$$

A类标准不确定度 $u(\overline{x})$ 的自由度为实验标准偏差 $S(x_i)$ 的自由度，即自由度 $v=n-1$。实验标准偏差 $S(\overline{x})$ 表征了被测量估计值 $\overline{x}$ 的分散性。

（2）极差法。当测量次数较少时（测量次数 $n \leqslant 9$），一般采用极差法来计算测量值的标准差 $S(x_i)$，其计算的结果为无偏估计，测量数据较少时精度更高。在相同条件下，对被测量 Y 进行 n 次独立重复的观测，测得值的最大值与最小值之差称为极差，用符号 R 表示。在不确定度分量 X 可以估计接近正态分布的前提下，单次测量的实验标准差 $S(x_i)$ 可按式（1-13）来近似计算

$$S(x_i) = \frac{R}{C} \tag{1-13}$$

式中：R 为极差；C 为极差系数，见表1-9。

表1-9　　　　　　　　　　　极差系数 C 及自由度 v

n	2	3	4	5	6	7	8	9
C	1.13	1.69	2.06	2.33	2.53	2.70	2.85	2.97
v	0.9	1.8	2.7	2.7	4.5	5.3	6.0	6.8

当被测量估计值取算数平均值 $\overline{x}$ 时，$\overline{x}$ 的 A 类不确定度 $u(\overline{x})$ 按式（1-14）计算

$$u(\overline{x}) = S(\overline{x}) = \frac{S(x_i)}{\sqrt{n}} = \frac{R}{C\sqrt{n}} \tag{1-14}$$

2. 标准不确定度的 B 类评定

受实验条件限制，不可能采用统计方法对每个不确定度的分量进行重复观测，而且有些不确定度分量无法采用统计方法来评定。因此，出于经济性与可复现性考虑，在实际工作中，对于以前的观测数据、有关技术资料及仪器性能的一般知识、仪器说明书、检定或校准证书数据、首次提供的参数数据等分量引起的不确定度，通常采用 B 类评定方法。

采用 B 类评定法时，需先根据经验、有关证书或资料提供的数据，确定各不确定度分量的区间半宽度 a，并进行分布假设，由置信水平包含因子 k，常见分布的置信水平 P 及包含因子 k 见表1-10，得到 B 类标准不确定度 u 为

$$u = \frac{a}{k} \tag{1-15}$$

表 1-10   常见分布的置信水平 P 及包含因子 k

分布类型	P	k
正态分布	0.5	0.675
	0.68	1
	0.90	1.645
	0.95	1.960
	0.9545	2
	0.99	2.576
	0.9973	3
均匀分布	1	$\sqrt{3}$
三角分布	1	$\sqrt{6}$
梯形分布	1	2
反正弦	1	$\sqrt{2}$
两点分布	1	1

一般可以不给出 B 类标准不确定度 u 的自由度，若用户要求或为获得有效自由度时，B 类标准不确定度的自由度 v 按式（1-16）计算

$$v = \frac{1}{2(\frac{\sigma_u}{u})^2} \quad\quad\quad （1-16）$$

式中：σ_u 为 B 类不确定度 u 的标准差；$\frac{\sigma_u}{u}$ 为 B 类不确定度 u 的相对标准差。

标准不确定度 B 类评定时不同相对标准差所对应的自由度见表 1-11。

表 1-11   B 类评定不同相对标准差对应的自由度

$\frac{\sigma_u}{u}$	0.71	0.50	0.41	0.35	0.32	0.29	0.27	0.25	0.24	0.22	0.18	0.16	0.10	0.07
v	1	2	3	4	5	6	7	8	9	10	15	20	50	100

（三）测量不确定度的合成

1. 标准不确定度的合成

输入量 x_i 引入的标准不确定度为 u_{xi}，x_i 对被测量估计值 y 的传递系数是由函数 f 对输入量 x_i 求偏导数获得，用符号 C_i 表示，即 $C_i = \dfrac{\partial f}{\partial x_i}$，也称为灵敏系数。则由 x_i 引起的被测量估计值 y 的不确定度分量为

$$u_i = C_i u_{xi} \tag{1-17}$$

被测量估计值 y 的不确定度是由所有输入量引入的不确定度分量 u_i 合成的，则合成不确定度 u_c 为

$$\begin{aligned}
u_c &= \sqrt{\sum_{i=1}^{n} u_i^2 + 2\sum_{1 \le i < s}^{n} \rho_{is} u_i u_s} \\
&= \sqrt{\sum_{i=1}^{n} C_i^2 u_{xi}^2 + 2\sum_{1 \le i < s}^{n} \rho_{is} C_i C_s u_{xi} u_{xs}}
\end{aligned} \tag{1-18}$$

当输入量 x_i 之间相互独立时，任意两个输入量之间的相关系数 $\rho_{is}=0$，此时合成不确定度 $u_c = \sqrt{\sum_{i=1}^{n} (\dfrac{\partial f}{\partial x_i})^2 u_{xi}^2}$，自由度 $v = u_c^4 \Big/ \sum_{i=1}^{n} \dfrac{u_i^4}{v_i}$。

2. 扩展不确定度

扩展不确定度用 U 表示，它由合成标准不确定度 u_c 与包含因子 k 相乘得到，即

$$U = k u_c \tag{1-19}$$

被测量 Y 可表示为 $y \pm U$，y 是被测量 Y 的最佳估计值，被测量 Y 的值以较高的置信概率落在 $[y-U，y+U]$ 这个区间。

包含因子 k 的值是根据 $y \pm U$ 的区间置信概率 p 与自由度 v 查 t 分布表得到。通常 k 的值在 2~3 范围内，$k=2$ 时区间置信概率为 95%，$k=3$ 时区间置信概率为 99%。一般情况下通常将 k 取为 2。

通常测量不确定度报告中的扩展不确定度 U 或标准确定度 u_c 的有效数字最多为 2 位。

六　期间核查的实施

（一）期间核查定义

期间核查是为了确认测量仪器校准（检定）一段时间后其状态的可信度，在两次校准（或检定）之间，对测量仪器计量性能参数是否维持原有状态而进行的一组技术核查。

期间核查的目的在于考察仪器当前的性能与上次校准的性能比较是否相对稳定。通过期间核查可及时发现计量器具的量值失准情况，缩短失准后的追溯时间，降低使用失准计量器具工作带来的成本和风险。检定证书虽然规定了计量器具的有效期，但由于实际工作复杂性，并不能确保在此期间其性能始终维持在允许范围内。

（二）期间核查的对象

为了保障量值传递的准确可靠，计量标准均应根据规定的程序和周期开展期间核查。并不是所有的计量仪器都需要进行期间核查，实验室应根据仪器的使用频次、情况及性能，选择核查对象、方法及频次。存在以下情况的计量仪器均应纳入期间核查范围：

（1）稳定性差、数据易漂移、易老化、使用频繁的。

（2）需经常携带至条件恶劣的现场使用的。

（3）测量结果具有重要价值或重大影响的。

（4）曾发生过计量性能失准或出现质量问题的。

（5）使用或存储环境恶劣或发生剧烈变化的。

（6）使用寿命临期到期的。

（7）有特殊规定的或使用说明有要求的。

（三）核查标准的选择

（1）核查标准所体现的量及其量程应与被核查对象所测的量保持一致。

（2）核查标准必须具有良好的稳定性，部分仪器对核查标准的分辨率及重复性也有一定的要求，便于及时监测被核查对象的测量过程的变化。

（四）期间核查的方法

（1）核查标准法。实验室选择足够稳定的核查标准（例如砝码、量块或性能稳定的专用测量仪器等）对被核查对象进行期间核查。被核查对象经校准/检定返回实验室后，立即对该核查标准进行 k（$k \geq 10$）次测量，将得到的测量平均值 f_0 与证书上修正因子 δ 之差的值 f_s 作为参考值赋予核查标准，即 $f_s=f_0-\delta$。参考值 f_s 与被核查对象的最大允许误差 Δ 共同确定核查判断的上下限 $[f_s-\Delta, f_s+\Delta]$。此后，核查时对核查标准进行 m 次测量，得到各次测量平均值 f_1，若 f_1 在核查上下限 $[f_s-\Delta, f_s+\Delta]$ 范围内，则认为第一次核查均通过。类似地每隔一个周期一次核查得到 $f_2, \cdots, f_n$，进而判断被核查对象的计量性能是否保持相对稳定。

（2）控制图法。控制图法是对测量过程是否处于统计控制状态的一种图形记录，通常采用核查标准对被核查对象定期进行核查，将核查得到的特性值绘制出平均值 $\bar{X}$ 控制图和极差 R 控制图。若核查值落在控制限内，则认为核查通过。对于准确度较高且重要的计量基/标准，尽可能建议采用控制图对其测量过程进行持续及长期的统计控制。

下面介绍平均值 $\bar{X}$ 控制图和极差 S 控制图的绘制方法：

1）首次用被核查对象对核查标准进行重复测量（或用核查标准对被核查对象进行重复测量）k 次，共测 m 组，计算每组测得值的平均值 $\bar{X}_i(i=1,2,\cdots,m)$ 和极差 $R_i(i=1,2,\cdots,m)$。

2）再对 $\bar{X}_i(i=1,2,\cdots,m)$ 和极差 $R_i(i=1,2,\cdots,m)$ 求其平均值，得到 $\bar{\bar{X}}=\dfrac{1}{m}\sum\limits_{i=1}^{m}\bar{X}_i$ 和 $\bar{R}=\dfrac{1}{m}\sum\limits_{i=1}^{m}R_i$。

3）平均值 $\bar{X}$ 控制图：中心线为 $\bar{\bar{X}}$ 值，其控制限为 $[\bar{\bar{X}}-A_2\bar{R}, \bar{\bar{X}}+A_2\bar{R}]$；极差 R 控制图：中心线为 $\bar{R}$ 值，其控制限为 $[D_4\bar{R}, D_3\bar{R}]$。

上述控制限因子 A_2、D_3、D_4 值根据测量次数 k 值查表可得。平均值 $\bar{X}$ 控制图、极差 R 控制图分别见图1-4、图1-5。

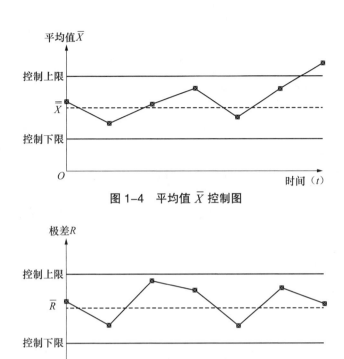

图 1-4　平均值 $\overline{X}$ 控制图

图 1-5　极差 R 控制图

七　比对和测量审核的实施

（一）比对程序

通常由主导实验室提供被测样品及其附件，该被测样本及其附件在参比实验室中按设计好的比对路线进行顺序流转。

（二）被测样品的传递要求

由于参与比对的实验室通常是多个实验室共同参与，被测样品需按既定路径流转测量耗时较长，所以应选择稳定、可靠的被测样品，被测样品既可以是已知量值及其测量不确定度的计量标准，也可以是有证书的标准物质。

开展比对试验前，主导实验室应先对被测样品的重复性、稳定性进行考核，只有稳定性符合要求时，被测样品才可用作传递标准。同时主导实验室应按照样品的特性选择合适的包装和运输方式；参比实验室对样品有疑问时，应将其送回主导实验室重新校准。

（三）路径的选择

比对路线主要依据被测样品的计量特性来设计，一般常用的比对路线有环形式、星形式、花瓣式。若参比实验室较少且被测样品结构简单、便于搬运、稳定性很高时，选用环形式较为合适；若被测样品稳定性易受环境和运输影响，选择星形式较为合适；处于上述两种情况中间的可选用花瓣式。比对路线图见图1-6。

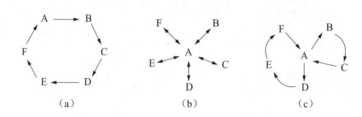

图1-6 比对路线图

（a）环形式；（b）星形式；（c）花瓣式

注：A表示主导实验室；B、C、D、E、F表示参比实验室。

（四）参考值选取及比对结果评价

1. 参考值选取

通常参考值由主导实验室为被测样品提供参考值。因为，主导实验室相对于参考实验室而言其计量标准的准确度等级更高，采用高等级的计量标准对被测样品进行校准确定参考值，可获得更小的测量不确定度，从而提高其测量结果的可信度。例如，在组织省级计量院（所）量值比对时，常常以主导实验室国家计量院的值为参考值。

2. 比对结果评价

判据 E_n 值是应用最为广泛的比对评价法，也称为归一化偏差。它将主导实验室的参考值与参比实验室的测量结果进行比较，并考虑它们的测量不确定度来评定其校准能力，计算公式如下

$$E_n = \frac{x - x_o}{\sqrt{U_{lab}^2 + U_{ref}^2}} \tag{1-20}$$

式中：x_0 为主导实验室的参考值；x 为参比实验室的测量值；U_{ref} 为主导实验室所提供的参考值测量扩展不确定度；U_{lab} 为参比实验室所提供的测量值测量扩展不确定度。

注：U_{ref} 和 U_{lab} 两者的置信概率应相同（一般为 95%）。

比对测量值的一致性评价原则为：

当 $|E_n| \leqslant 1$ 时，认为比对结果合理，通过；

当 $|E_n| > 1$ 时，认为比对结果不合理，不通过，应查找原因，采取纠正措施。

第5节
习题及参考答案

 计量法律、法规及计量监督管理

1. 判断题

（1）企业、事业单位建立的各项最高计量标准，须经与企业、事业单位的主管部门同级的计量行政部门主持考核合格，取得《计量标准考核证书》，才能在单位内部开展非强制检定。（√）

（2）国务院计量行政管理部门对全国计量工作实施统一管理，县级以上地方人民政府计量管理部门对本行政区域内的计量工作实施监督管理。（√）

（3）计量基准是指经国家市场监督管理总局批准，在中华人民共和国境内为了定义、实现、保存、复现量的单位或者一个或多个量值。（√）

（4）某企业购买了一台准确度等级很高的电能表检定装置作为企业的最高计量标准，并将计量标准器送省计量院检定合格后，就可以开展本企业内部电能表的检定工作。（×）

（5）《中华人民共和国计量法》是 1985 年颁布的。（√）

2. 选择题

（1）统一全国量值的最高依据是（A）。

A. 计量基准   B. 社会公用计量标准

C. 部门最高计量标准   D. 工作计量标准

（2）国家计量检定系统表由（B）制定。

A. 省、自治区、直辖市政府计量行政部门

B. 国务院计量行政部门

C. 国务院有关主管部门

D. 计量技术机构

（3）下列哪项仲裁检定后的数据可以作为处理计量纠纷的依据，并具有法律效力？（B）

A. 企事业自高计量标准   B. 社会公用计量标准

C. 部门最高计量标准   D. 工作计量标准

（4）违反计量法律、法规和规章的规定后应当承担哪些法律责任？（D）

A. 行政法律责任   B. 民事法律责任   C. 刑事法律责任   D. 以上都是

（5）下列哪些计量标准属于强制检定范畴？（C）

①社会公用计量标准；②部门最高计量标准；③企事业单位最高计量标准；④工作计量标准。

A. ①②   B. ①③④   C. ①②③   D. ①②③④

（6）以下哪个内容不属于计量法调整的范围？（D）

A. 建立计量基准、计量标准   B. 制造、修理计量器具

C. 进行计量检定   D. 使用教学用计量器具

（7）在计量法规体系中，《中华人民共和国强制检定的工作计量器具检定管理办法》属于（B）。

A. 计量法律   B. 计量行政法规   C. 计量规章   D. 规范性文件

（8）对于计量违法行为的处理，部门和企事业单位或者上级主管部门可施行（C）。

A. 没收计量器具   B. 没收违法所得   C. 行政处分   D. 行政处罚

（9）以下（BCD）属于计量规章。

A.《关于改革全国土地面积计量单位的通知》

B.《中华人民共和国强制检定的工作计量器具明细目录》

C.《中华人民共和国依法管理的计量器具目录》

D.《计量基准管理办法》

（10）以下（ACD）属于计量行政法规。

A.《关于改革全国土地面积计量单位的通知》

B.《中华人民共和国强制检定的工作计量器具明细目录》

C.《中华人民共和国强制检定的工作计量器检定管理办法》

D.《全面推行我国法定计量单位的意见》

计量技术法规

1.判断题

（1）计量技术法规包括国家计量检定系统表、计量检定规程和计量技术规范。
（√）

（2）计量检定规程包括国家计量检定规程、地方计量检定规程、企业检定规程。
（×）

（3）国家计量检定系统表是国务院计量行政部门管理计量器具，实施计量检定用的一种图表。（×）

（4）由国家计量行政部门组织制定、修订，批准颁布，由建立计量基准的单位负责起草的，在进行量值溯源或量值传递时作为法定依据的文件。（√）

（5）JJF 1030《恒温槽技术性能测试规范》是国家计量校准规范。（×）

2.选择题

（1）计量检定规程是（A）。

A.为进行计量检定，评定计量器具计量性能，判断计量器具是否合格而制定的法定性技术文件

B.计量执法人员对计量器具进行监督管理的重要法定依据

C. 从计量基准到各等级的计量标准直至工作计量器具的检定程序的技术规定

D. 一种进行计量检定、校准、测试所依据的方法标准

（2）开展计量检定活动的首选技术依据是（A）。

A. 国家计量检定规程　　　　　　　B. 部门计量检定规程

C. 地方计量检定规程　　　　　　　D. 国家产品标准

（3）开展计量校准活动的首选技术依据是（A）。

A. 国家计量校准规范　　　　　　　B. 部门计量校准规范

C. 计量校准规章　　　　　　　　　D. 国家产品标准

（4）对计量器具作出合格与否的判定的计量技术法规是指（A）。

A. 国家计量检定规程　　　　　　　B. 国家计量校准规范

C. 型式评价大纲　　　　　　　　　D. 计量器具产品标准

（5）计量技术规范可以分为（AB）。

A. 通用计量技术规范　　　　　　　B. 专用计量技术规范

C. 国家计量校准规范　　　　　　　D. 技术规范编写规则

（6）计量检定规程可以由（ABC）制定。

A. 国务院计量行政部门　　　　　　B. 省、自治区、直辖市政府计量行政部门

C. 国务院有关主管部门　　　　　　D. 法定计量检定机构

（7）国家计量检定规程可用于（BCD）。

A. 产品的检验　　　　　　　　　　B. 计量器具的周期检定

C. 计量器具修理后的检定　　　　　D. 计量器具的仲裁检定

（8）以下技术文件中，哪些属于计量技术法规（ABD）。

A. JJG 1016—2006 心电监护仪检定规程

B. JIG（京）39—2006 智能冷水水表检定规程

C. GB/T 27025—2019 检测和校准实验室能力的通用要求

D. JJF 1117—2010 计量比对规范

（9）以下哪些是强制检定的范围？（ABCD）

A. 社会公用计量标准

B. 部门使用的最高计量标准

C. 企事业单位使用的最高计量标准

D. 用于贸易结算，安全防护、医疗卫生、环境监测等方面工作计量器具

（10）以下哪些工作计量器具属于强制检定范围？（AC）

A. 企业用于贸易结算的电子秤　　　　B. 企业用于产品出厂检验的电子天平

C. 企业用于环境监测的水质污染监测仪 D. 企业用于成本核算的蒸汽流量计

三 计量综合知识

1. 判断题

（1）计量学中的量均是物理量。（×）

（2）SI 的 7 个基本单位是由 7 个物理常数定义的。（√）

（3）电阻率单位 $\Omega \cdot m$ 的中文名称为欧姆·米。（×）

（4）量纲不仅表示量的构成，也表示量的性质。（×）

（5）物理等式两边量的量纲相同则该方程一定正确。（×）

（6）量纲是定性的表示基本量与导出之间的关系。（√）

（7）若单位来源于人名，其符号字母小写。（×）

（8）量的真值不能通过测量获得，只能通过测量获得接近真值的一组量值。（√）

（9）测量重复性与测量复现性均是重复性的不同描述方式，是指在同一个测量人员，在相同的地点和测量条件下，采用相同测量方法、相同的测量器具对统一被测量进行重复的测量。（×）

（10）测量不确定度评定方法中，根据一系列测量数据估算实验标准偏差的评定方法称为测量不确定度的 B 类评定方法。（×）

（11）扩展不确定度用符号 u_c 表示。（×）

（12）实物量具是具有所赋量值，使用时以固定形态复现或提供一个或多个量值的计量器具。（√）

（13）体温计属于指示式测量仪表。（√）

（14）测量是"实现单位统一、量值准确可靠的活动"。（×）

2. 选择题

（1）下列单位的国际符号中，不属于国际单位制的符号是（A）。

A. t   B. kg   C. ns   D. pm

（2）学校运动会某学生百米短跑用时下列哪种表示是正确的？（D）。

A. 13″.86   B. 13.86″   C. 13s 86   D. 13.86s

（3）热导率单位符号的正确书写是（C）。

A. W/K·m   B. W/K/m   C. W/（K·m）   D. W/（Km）

（4）下列不属于国际单位制的是（A）。

A. 时间   B. 电流   C. 力   D. 长度

（5）下列（D）不属于测量标准。

A. 计量基准   B. 标准物质   C. 计量标准   D. 工作计量器具

（6）比热容的单位符号是 J/（kg·K），其中文名称的正确读法是（C）。

A. 每千克开尔文焦耳   B. 焦耳每千克每开尔文

C. 焦耳每千克开尔文   D. 焦耳除以千克开尔文

（7）下列哪些单位，属于国际单位制的单位？（BC）

A. t   B. cd   C. MPa   D. L

（8）以（A）表示的测量不确定度称为标准不确定度。

A. 标准偏差   B. 测量值取值区间的半宽度

C. 实验标准偏差   D. 数学期望

（9）由合成标准不确定度的倍数（一般 2~3 倍）得到的不确定度称为（B）。

A. 总不确定度   B. 扩展不确定度   C. 标准不确定度   D. B 类标准不确定度

（10）定义为"在规定条件下，对同一或类似被测对象重复测量所得示值或测得值间的一致程度"的术语是（D）。

A. 测量准确度   B. 测量重复性   C. 测量正确度   D. 测量精密度

（11）测量误差按性质分为（AB）。

A. 系统测量误差   B. 随机测量误差   C. 测量不确定度   D. 最大允许测量误差

（12）测量不确定度小，表明（CD）。

A. 被测量的测量结果接近真值   B. 被测量的估计值准确度高

C. 赋予被测量的量值分散性小　　　　　D. 测得值所在的包含区间小

（13）动能的量纲是（D）。

A. L^2MT^2　　　　B. $\frac{1}{2}L^2MT^{-2}$　　　　C. $\frac{1}{2}L^2MT^2$　　　　D. L^2MT^{-2}

（14）Wb/m² 是下列哪个物理量的单位？（C）

A. 电导　　　　　B. 电动势　　　　　C. 磁通量密度　　　　D. 电场强度

（15）下列量值范围表述正确的是（C）。

A. 0.20~0.40mg/L　B. 200~800m　　C. 10~90kΩ　　D. 40~60s

（16）如果一个量的表达式正确，则其等号两边的量纲必然相同，通常称它为（A）。

A. 量纲法则　　　B. 等效原则　　　C. 推导定理单　　D. 同种量原则

（17）在给定的量值中，同种量的量纲（A），但是具有相同量纲的量。

A. 一定相同，不一定是同种量　　　　B. 一定相同，肯定是同种量

C. 可能不同，不一定是同种量　　　　D. 可能不同，肯定是同种量

（18）下列属于我国选定的非国际单位制单位名称的是（ABD）。

A. 公顷　　　　　B. 吨　　　　　　C. 欧姆　　　　　D. 分贝

（19）下列哪些属于国际单位制中具有专门名称的导出量？（ABC）。

A. 平面角　　　　B. 磁感应强度　　C. 吸收剂量　　　D. 热功当量

（20）我国法定计量单位中，国家选定的非国际单位制单位，对国际单位制来讲就是制外单位，下列属于制外单位的是（ABC）。

A. 分（min）　　B. 升（L）　　　C. 天（d）　　　D. 毫升（mL）

（21）下列属于导出单位的是（ABCD）。

A. 压力单位：帕斯卡（Pa）　　　　　B. 电阻单位：欧姆（Ω）

C. 光通量单位：流明（lm）　　　　　D. 力的单位牛顿：（千克·米/秒²）

（22）组织国际关键比对和辅助比对，目的是验证各国的测量结果应在等效区间内或协议区间内的（A）。

A. 一致性　　　　B. 准确性　　　　C. 可靠性　　　　D. 比对性

（23）测量的资源必须包括（ABCD）。

A. 测量人员

B. 测量所需的测量仪器和配套设备

C.测量方法的规范、规程或标准以及有关文件

D.测量所需的环境条件及设施

（24）标准物质按特性可分为（ABC）。

A.化学成分标准物质 B.物理化学特性标准物质

C.工程技术特性标准物质 D.计量特性标准物质

（25）为了表征赋予被测量量值的分散性的非负参数，测量不确定度用（B）表示。

A.实验室标准偏差 B.标准偏差 C.合成不确定度 D.扩展不确定度

（26）关于测量误差、系统测量误差、随机测量误差三者关系正确的是（C）。

A.系统测量误差一定比随机测量误差大

B.随机测量误差一定比系统测量误差大

C.随机误差 = 测量误差 − 系统误差

D.系统测量误差 = 测量误差 + 随机测量误差

（27）下列（C）是在重复测量中保持恒定不变或按可预见的方式变化的。

A.测量误差 B.随机误差 C.系统误差 D.重复性误差

（28）在改变了的测量条件下，同一被测量的测量结果之间的一致性。这是（D）的解释。

A.测量重复性 B.漂移 C.测量稳定性 D.测量复现性

（29）测量结果仅是被测量的（C），其可信程度由测量不确定度来定量表示。

A.实际值 B.约定真值 C.估计值 D.标称值

（30）国家计量检定系统表由（B）制定。

A.省、自治区、直辖市政府计量行政部门

B.国务院计量行政部门

C.国务院有关主管部门

D.计量技术机构

（31）下列关于计量标准描述正确的是（D）。

A.建立计量基准可向各级计量行政部门申请

B.计量基准的复查周期为 3 年

C. 建立计量基准应向国务院有关部门申报

D. 计量基准是一个国家量值的源头

（32）下列关于计量标准描述正确的是（A）。

A. 社会公用计量标准向社会开展计量检定或校准

B. 部门计量标准在本部门内部开展强制检定或校准

C. 企事业单位计量标准在本部门内部开展强制检定或校准

D. 全国的各级计量标准和工作计量器具的量值，都要直接溯源至计量基准

（33）下列关于量值传递描述正确的是（CD）。

A. 量值传递是自下而上的自愿行为

B. 量值溯源是自上而下的逐级传递

C. 每种量的计量检定系统表中国家计量基准只有一个

D. 量值传递和量值溯源互为逆过程

（34）检定或校准原始记录数据书写错误时，下面正确的做法是（C）。

A. 换一张新记录表重新抄写数据

B. 划掉错误数据，填写正确数据即可

C. 划掉错误数据，并将正确的数值和改动人的名字或名字缩写填写在旁边

D. 划掉错误数据，并将正确的数值和改动人的签名或印章加在旁边

四 计量标准的建立、考核及使用

1. 判断题

（1）某计量标准在有效期内，不改变测量范围且准确度等级无变化的前提下更换计量标准器，需向主持考核的计量行政部门申请计量标准复查考核。（×）

（2）社会经济效益也是计量标准考核的内容之一。（×）

（3）计量检定对象是指企业用于产品检测的所有仪器。（×）

（4）处理计量纠纷所进行的仲裁检定以国家计量基准或社会公用计量基准检定的数据为准。（√）

（5）计量器具检定不合格应出具检定结果通知书。（√）

（6）若发出的证书存在错误，告知客户错误处即可。（×）

2. 选择题

（1）计量标准考核的内容不包括（D）。

A. 是否具备与所开展量值传递工作相适应的工作人员

B. 是否具有完善的实验室管理制度

C. 计量标准器及其配套设备是否满足法制和计量技术要求

D. 计量标准器及其配套设备是否符合经济性

（2）建立计量标准的技术依据是（BCD）。

A.《计量标准考核办法》　　　　　B.《计量标准考核规范》

C. 国家计量检定系统表　　　　　　D. 计量检定规程或计量技术规范

（3）计量标准的使用条件是（ABCD）。

A. 经计量检定合格　　　　　　　　B. 具有正常工作所需要的环境条件

C. 具有称职的保存、维护、使用人员　　D. 具有完善的管理制度

（4）强制检定的对象包括（AD）。

A. 社会公用计量标准

B. 标准物质

C. 列入《中华人民共和国强制检定的工作计量器具目录》的工作计量器具

D. 部门和企、事业单位使用最高计量标准器具

（5）由检定、校准人员打印检定或校准证书，经核验人员核验并签名后，必须由（A）进行最后审核批准，签字发出。

A. 技术负责人　　　B. 质量负责人　　　C. 本专业证书审批人　　　D. 本专业领导

（6）一组样本数据为：5.28、5.32、5.26、5.39、5.30，该组的样本试验标准差与极差为（A）。

A. 0.05，0.13　　　　B. 0.06，0.13　　　　C. 0.10，0.12　　　　D. 0.06，0.12

（7）在评定 B 类标准不确定度分量时，一般可利用的信息包含（ABCD）。

A. 生产部门提供的技术文件说明

B. 校准证书、检定帧数、测试报告或其他数据

C. 用户手册或某些资料提供的参考数据及其不确定度

D. 规定测量方法的校准规范、检定规程或测试标准中给出的数据

（8）某仪器的最大允许误差为 $[-a，+b]$，测量是按均匀分布考虑，其示值的 B 类标准不确定度为（C）。

A. $\dfrac{a+b}{\sqrt{6}}$
　　　　B. $\dfrac{b-a}{\sqrt{2}}$
　　　　C. $\dfrac{a+b}{\sqrt{3}}$
　　　　D. $\dfrac{b-a}{2}$

（9）将下列数修约至小数点后 3 位，修约后正确的是（AC）。

A. 4.2425 → 4.242　B. 4.2425 → 4.243　C. 4.2413 → 4.241　D. 4.2405 → 4.241

（10）核查标准通常需具备特性有（A）。

A. 良好的稳定性　　B. 准确的量值　　　C. 可被搬运　　　D. 检定合格

（11）按照比对传递标准的特性选择适宜的比对路线，常见的比对路线为（ABD）。

A. 环形式　　　　　B. 星形式　　　　　C. 组合式　　　　D. 花瓣式

第 2 章

压力

第1节

压力基础知识

 概述

在国民经济各部门中，但凡利用液体、气体或蒸汽作为动力、传递介质，都要体现出压力的作用，这就需要各种压力仪器仪表来指示出压力的有无、大小和变化等情况，以保证生产和科研能正确控制，工作顺利进行。所以，压力计量测试技术在国民经济各领域得到越来越广泛的应用。

（1）在工业生产中，最普遍的是锅炉中的蒸汽压力和液压机、水压机等设备的压力计量和测试。

（2）交通运输中的汽车、轮船、火车和飞机等使用的各类发动机动力、液压、气压管道中的压力测量。

（3）冶金工业上的冶炼，热风管道中的压力参数的控制和测量。

（4）石油化工工业中各种物理、化学反应的控制和监测。

（5）电力工业中，保证压力计量测试正确，对于机组安全和经济运行具有重要意义。

（6）在医疗卫生中血压测量准确与否关系到医生对病人的诊断和治疗。

（7）在航空和航天工业中，一些重要的飞行参数，如高度、空速等技术性能参数均以压力测试为基础，据统计所有飞行器参数测试中，与压力有关的参数测试占60%之多。

（8）在核工业和军事工业中，许多重要场合均需以压力测量为基础。

在科学研究中，许多实验离不开压力测量，如很多金属和非金属材料要经过压力加工，以改变其组织结构和相态。绝大多数新型高强度材料和人造金刚石也是经高压处理而成。在特定条件下，经高压作用后气态的氢可以转变为固态的氢，它具

有一切金属的性质。在超高压下非金属碳也可转变为具有金属性能的碳。另外，在超高压研究物质的相态和相变、温度、磁场、电性能等都必须应用超高压测量技术。

随着国民经济的飞速发展，对动态压力的测量，在线压力测量，压力自动控制以及远距离连续测量；在高、低温，冲击加速度和磁场等特定条件下的压力测量；微小压力和超高压测量都提出了新的要求。

近年来，随着集成电路、电子计算机技术和传感器技术的飞速发展，对压力测量技术又提出了新的更高的要求。

这就不是仅对生产、试验过程或其他运动过程中的压力参数进行测试、收集和数据显示，而且还要对其结果进行适当分析、处理、转换、反馈或通信控制等。从而把生产、试验过程与被测参数的测试和数据处理构成一个完整、统一的整体。

过去需工作人员和仪器进行测试，而现在则由计算机通过接口控制，测试系统中的各个单元管理和控制操作测试过程，在软件和硬件的统一控制下协调工作。

压力计量测试技术工作，不仅是控制和调节生产和试验过程，保证安全，测量数据及数据处理准确可靠。而且更主要的是从基准器量值传递到标准器和工作计量器具；对各种基（标）准器的研制，对量值传递系统的研究；对检定方法、校准方法、检测技术规范的试验研究、制定、宣贯实施等；如何选用基（标）准器、选用工作计量器具以及做好对基（标）准器和工作计量器具的维护、保养、修理以及周检等工作。

如果上述工作做不好，将会直接或间接影响生产产品、科研成果、人身安全以及国民经济各领域的工作。由此可见搞好压力计量测试工作是何等重要。

 **压力和压力单位**

（一）压力的名词术语

1. 大气压力

大气压力是指地球表面上的空气因自身的自重所产生的压力，也就是围绕地球表面的空气由于地球对它的吸引力，在地球表面的单位面积上所产生的力。

大气压力随测定点在海平面上的高度及纬度和气象情况的不同而不同，也随时间、地点的变化而变化。

大气压力一般用 p_0 表示。

2. 绝对压力

绝对压力是以绝对零位作为压力基准，高于绝对零位压力的压力值。它是液体、气体或蒸汽所处空间的全部压力，它又称为总压力或全压力，它表征某一测定点真正所受到的压力。

绝对压力一般用 p_A 表示。

3. 表压

表压是指以大气压力为基准，大于或小于大气压力的压力值，一般用 p_e 表示。

4. 正压

正压是指以大气压力为基准，大于大气压力的压力值，一般用 p_g 表示。

5. 负压

负压是指以大气压力为基准，小于大气压力的压力值，一般用 p_v 表示。

6. 真空度

真空度是指以绝对压力零位为基准，小于大气压力的压力，一般用 V 表示。

7. 差压

差压是两个相关压力的差值，一般用 p_d 表示。

8. 静压

不随时间变化的压力称为静压。当然，绝对不变化是不可能的，因而规定压力随时间的变化，每秒钟为压力计分度值的 1%，或每分钟在 5% 以下变化的压力均称为静压。

9. 动压

压力随时间的变化超过静压所规定的限度的变化称为动压。一般又将非周期变化的压力称为变动压；把不连续而变化大的称为冲击压；作周期变化的称为脉动压。

大气压力、绝对压力和相对压力之间的关系见图 2-1。从图 2-1 中可见，各术语仅在所取的基准零点不同而已。绝对压力又称绝压，是以完全真空即真正

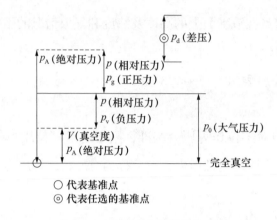

图 2-1　各压力之间相互关系图

的零压为基准点。在工程技术中，如气象用的气压计就是绝压计；在指示飞行高度时也用绝压计。

从图 2-1 中还可以看出，当绝对压力大于大气压力时，绝对压力是表压力与大气压力之和；当绝对压力小于大气压力时，绝对压力是大气压力与负压力之差，换句话，若负压力取负值，则绝对压力也是大气压力与负压力之和，即 $p_A=p_0+p_v$；当绝对压力与大气压力相等时，只指示出大气压力。大气压力是绝对压力的一种方式。

（二）国际单位制中的压力单位

国际单位制中的压力单位是牛顿／米^2，又称帕斯卡，简称帕（以 Pa 表示）。它的物理意义是：一牛顿的力垂直均匀地作用于一平方米面积上所产生的压力。即

$$Pa=N/m^2 \tag{2-1}$$

式中：Pa 为帕斯卡（压力单位）；N 为牛顿（力的单位）；m 为米（长度单位）。

其他压力计量单位：工程大气压、物理大气压、毫米汞柱（mmHg）、毫米水柱（mmH$_2$O）、巴（bar）、米水柱（mH$_2$O）和磅力／英寸^2（lbf/in^2）。

1971 年十四届国际计量大会上决定给予压力单位具有专门名称的导出单位。1984 年我国也规定将帕斯卡作为法定的压力计量单位。

从压力的定义已知，压力的单位不是基本单位，而是一个导出单位，它是由力的单位和长度单位组合成的一个单位。

$$1N=1kg \cdot m/s^2$$

当均以基本单位表示时为：$1Pa=（1kg \cdot m/s^2）/1m^2=1kg/（m \cdot s^2）$。

虽然我国已规定只能使用国际单位制单位——帕斯卡，但随着对外开放及技术引进，随设备进口的压力仪表还有许多是我国法定计量单位以外的压力单位制成的。为了便于换算在这里介绍几种常见的压力单位与帕斯卡的换算关系

1hPa（百帕）=100Pa（帕）

1kPa（千帕）=1000Pa（帕）

1MPa（兆帕）=1000000Pa（帕）

1bar（巴）=100000Pa（帕）

1mbar（毫巴）=100Pa（帕）

1psi（磅力 / 英寸^2）=6894.76Pa（帕）

1kgf/cm^2（千克力 / 厘米^2）=98066.5Pa（帕）

1mmHg（毫米汞柱）=133.322Pa（帕）

1mmH$_2$O（毫米水柱）=9.80665Pa（帕）

（三）压力的计量单位

1. 工程大气压

一个工程大气压等于 1kgf 垂直并均匀作用于每平方厘米的面积上产生的压力。常用千克力 / 厘米^{2}表示，记为 kgf/cm^2。

2. 物理大气压

一个物理大气压等于温度为 0℃ 和重力加速度为 9.80665m/s^2 下，高度为 760mm 水银柱（水银密度为 13.5951g/cm^3）在海平面上所产生的压力。物理大气压也称为标准大气压，记为 atm。

3. 毫米汞柱

1 毫米汞柱等于在重力加速度为 9.80665m/s^2 时，1mm 高的水银柱在 0℃ 时（水银密度为 13.5951g/cm^3）所产生的压力，记为 mmHg。

4. 毫米水柱

1 毫米水柱等于在重力加速度为 9.80665m/s^2 时，1mm 高的水柱在 4℃ 时（水

密度为 1.0g/cm³）所产生的压力，记为 mmH₂O。

5. 巴（bar）

在气象工作中常用毫巴（mbar）作为压力单位。

$$1bar=1000mbar=10^5Pa$$

6. 磅力/英寸²（lbf/in², psi）

1mm 磅力垂直作用在 1in² 面积上所产生的压力。根据习惯不同，英国人记为 lbf/in²，美国人记为 psi。

三 压力计量溯源

压力仪器仪表的准确度等级是根据仪器仪表的作用原理、结构和特性、测量极限和使用条件等来确定的，确定准确度等级的目的在于防止随意确定仪表的误差，简化测量中的误差估计，易于按照所要求的测量准确度选择仪器。将所有的压力仪器仪表分为计量基准器具、计量标准器具和工作计量器具，是根据检定工作的需要而设立的，一般基准压力仪器和高等级的标准压力仪器仅用于量值传递，它可以方便可靠地将所采用的测量单位的分数或成倍数值，准确地由基准器具传递到工作用计量仪器上，使工作用计量仪器的准确度得到可靠的保证。

压力量值的准确性是从我国准确度最高的压力计量仪器，即国家压力计量基准器具，向计量标准器具传递，然后由计量标准器具向工作基准器具逐级传递。反之，使用中的工作基准器具、计量标准器具的检定与校准则需要由更高一级准确度的计量标准器具、计量基准器具来进行逐级校准。从国家计量基准器具传递到工作计量器具的过程，称为压力量值传递体系，而从工作计量器具到国家计量基准器具的检定过程，称为压力量值的溯源体系。

第2节
压力仪器仪表的分类

由于测试目的、要求和条件的不同，人们设计了多种压力仪器仪表以适应需要。根据仪器仪表的作用原理可分为：液体式、弹性式、活塞式、电测式。

 一 **液体式**

液体式压力计是基于流体静力学原理，利用液柱高度产生的力去平衡未知力的方法来测量压力的仪器。被测的液柱高度差可以直接判读、显示或通过计算方法来确定。常用的液体式压力计有：水银气压计、U形管压力计、杯形压力计、钟罩式压力计、补偿式微压计和斜管微压计等。

（1）优点：结构简单，使用方便，有相当高的准确度，在本专业中应用很广泛，由于价格低廉，且在范围内测量准确度比较高，所以常用来测低压、负压和差压。

（2）缺点：量程受液柱高度的限制，体积大，玻璃管容易损坏及读数不方便。

1. U形管压力计

（1）采用水银或水为工作液，用U形管或单管进行测量，常用于低压、负压或压力差的检测。

（2）被广泛用于实验室压力测量或现场锅炉烟、风道各段压力、通风空调系统各段压力的测量。

U形管压力计原理图如图2-2所示。

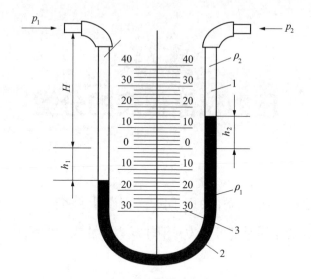

图 2-2 U 形管压力计原理图

1—U 形玻璃管；2—工作液体；3—刻度尺

U 形管压力计两端差压与液柱高度 h 间有如下关系

$$\Delta p = p_1 - p_2 = h(\rho_1 - \rho_2)g$$

$$= (h_1 + h_2)(\rho_1 - \rho_2)g \qquad (2-2)$$

式中：ρ_1、ρ_2 为封液密度和封液上面的介质密度，g/cm^3；h 为两侧封液的高度差，$h = (h_1 + h_2)$，mm；g 为重力加速度，m/s^2。

$$\Delta p = p_1 - p_2$$

$$= \rho g(h_1 + h_2) \qquad (2-3)$$

式中：ρ 为工作液密度（封液上面的介质密度忽略不计），g/cm^3。

提高工作液密度 ρ 将增加压力的测量范围，但灵敏度要降低。

注意事项：

（1）为减小毛细现象，U 形管的内径一般为 5~20mm，内径最好不小于 10mm。

（2）使用时保持垂直。

（3）减小两次读数误差，读数时眼睛与液面平齐，以封液弯月面顶部切线为准读取液面高度。

（4）应选择密度小的封液，以增大左右管液体的高度差，减小读数误差。（水，汞，四氯化碳）。

2. 斜管微压计

斜管微压计应用范围：一般为 100~2500Pa。斜管微压计外形如图 2-3 所示。

图 2-3　斜管微压计外形图

二　弹性式

弹性式压力计的作用原理是利用弹性敏感元件（如弹簧管）在压力作用下产生弹性形变，其形变的大小与作用的压力成一定的线性关系，通过传动机构（机芯）用指针或其他显示装置表示出被测的压力的测量仪表。弹性式压力计的弹性敏感元件有多种，可分为弹簧管式、膜片式、膜盒式和波纹管式等，见图 2-4 及表 2-1。

弹性敏感元件在弹性限度内受压后会产生变形，变形大小与被测压力成正比关系。

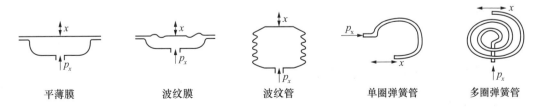

| 平薄膜 | 波纹膜 | 波纹管 | 单圈弹簧管 | 多圈弹簧管 |

图 2-4　常见的弹性敏感元件

表 2-1   常见的弹性敏感元件的压力使用范围

感压元件	适用范围	压力范围
弹簧管	微压以上	0~1000MPa
波纹管	低、中压	0~1MPa
平薄膜	低压	0~0.3MPa
膜盒（2片平薄膜组合）	微压	0~0.04MPa

1. 弹性敏感元件的基本特性

弹性敏感元件的基本特性主要包括：弹性特性、刚度、灵敏度、弹性迟滞、比例极限、温度对弹性特性的影响等。

（1）弹性特性。作用于弹性敏感元件上的载荷与弹性元件产生的位移之间的关系称为弹性元件的弹性特性。

（2）刚度。使弹性元件产生单位位移所需要的载荷量称为弹性元件的刚度。

（3）灵敏度。弹性元件承受单位载荷时所产生的位移称为弹性元件的灵敏度。

（4）弹性迟滞。当载荷停止变动或完全卸载后，弹性元件继续变形，过一段时间才能达到应有位置的现象称为弹性后效；弹性元件在载荷缓慢变化时，示值的进程与回程不相重合的现象称为弹性滞后。实际上，弹性滞后和弹性后效是同时存在的，一般不单独考虑，统称为弹性迟滞，弹性元件的弹性后效和弹性滞后是不可避免的，并在工作过程中同时产生的。由于它们的存在，造成了测压仪表的测量误差，特别在动态测量中更不允许。因此，在设计时，注意采用较大的安全系数、合理选择材料、考虑正确的结构以及加工和热处理方法，来减小弹性后效和弹性滞后现象，对弹簧管精密压力表尤为重要。

（5）比例极限。弹性元件的载荷与位移之间的线性关系只能在某一范围内成立，当线性关系成立时所对应的最大的载荷值称为弹性元件的比例极限。

（6）温度对弹性特性的影响。弹性元件所用材料的弹性模量温度系数越大，则弹性模量所引起的温度误差也越大。

2. 弹簧管式压力计

弹簧管式压力计（又称波登管压力表）主要由弹簧管、传动机构、指示机构和表壳等四大部件组成。通常使用的压力表、压力真空表和氧气压力表等均为此种仪表。弹簧管压力表外形结构图见图 2-5。

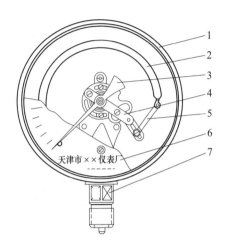

图 2-5　弹簧管压力表外形结构图
1—表壳；2—弹簧管；3—指示机构；4—固定机构；5—传动机构；6—制造厂厂名；7—介质输入端

弹簧管的工作原理：如图 2-6 所示弹簧管，它是一根弯曲成圆弧形状、横截面常常为椭圆形或平椭圆形的空心管子。一端并与被测压力的介质相连通，另一端是封闭的自由端，在压力的作用下，管子的自由端产生位移，在一定的范围内，位移量与所测压力呈线性关系。

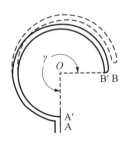

图 2-6　弹簧管的工作原理图
A—与被测压力的介质相连通；B—封闭的自由端；A′、B′—自由端产生的位移

（1）精密压力表。

1）弹簧管。弹簧管具有多种截面形状，它的接头、管本体和排泄阀，是从一个整体材料上成型的，所以称为组合式弹簧管。

2）传动机构。传动机构的特点是，在一个坚实的铸件上，支撑着仪表的全部转动部件而形成的整体，这样的机构可保证在各种情况下转动部分同心，不会由于支撑部分移动变位而造成测量误差。

3）表壳和表盘。精密压力表表壳为铸铝安全表壳，背后有一弹性光亮的不锈钢板。当弹簧管意外爆裂时，不锈钢板自动打开，压力由背后逸出，避免伤人。

表盘采用了白底黑色分度的，带反射镜面的度盘和刀口型指针，便于读数，视差很小。

表盘设有零位调整旋钮、温度补偿器、带槽连杆和峰值压力值指示器。

4）量程调整（线性误差调整）。当弹簧管式压力表的示值误差随着压力成比例地增加时，这种误差称为线性误差。产生线性误差的原因主要是传动比发生了变化，只要移动调整螺钉的位置，改变传动比，就可将误差调整到允许的范围内。当被检表的误差为正值，并随压力的增加而逐渐增大时，将调整螺钉向右移，降低传动比。当被检表的误差为负值，并随压力的增加而逐渐增大时，应将调整螺钉向左移，增大传动比。

5）线性度调整（非线性误差调整）。压力表的示值误差随压力的增加不成比例地变化，这种误差称为非线性误差。改变拉杆和扇形齿轮的夹角，可以调整非线性误差。调小拉杆与扇形齿轮的夹角，指针在前半部分走得快，指针在后半部分走得慢；调大拉杆与扇形齿轮之间的夹角，指针在前半部分走得慢，指针在后半部分走得快。拉杆与扇形齿轮夹角的调整可通过转动机芯来达到。

非线性误差的具体调整，要视误差的情况而确定。通常情况下应先将仪表的非线性误差调成线性误差，然后再调整线性误差。对此，一般情况下调整拉杆与扇形齿轮的夹角，与调整调节螺钉的位置是配合进行的。

（2）膜片式压力计。在弹性式压力计中，膜片及膜片的组合（膜盒）常用来作为弹性敏感元件。在这类仪表中，膜片或膜盒的作用是将压力或压差转换成膜片或膜盒的中心位移或集中力输出，传给传动机构及指示机构，有时膜片或膜盒也被用来隔离仪表和被测介质，以保护仪表。膜片式压力计的结构如图 2-7 所示。

膜片的种类：平膜片和波纹膜片两大类。波纹膜片的膜片上有许多波纹。它可分为环向波纹膜片与径向波纹膜片两种。通常所见到的膜片有平膜片和环向波纹膜片，见图 2-8。

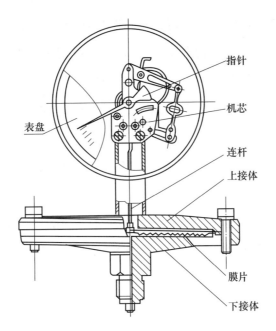

图 2-7 膜片式压力计结构图

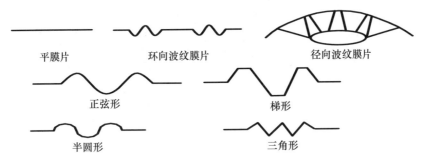

图 2-8 膜片结构示意图

（3）膜盒式压力计。为了增加膜片的中心位移，提高仪表的灵敏度，把两个膜片焊接在一起，这样的一个弹性元件称为膜盒，见图 2-9。

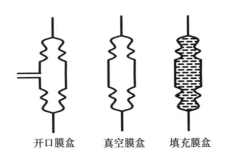

图 2-9 膜盒结构示意图

1）开口膜盒的内腔与大气联通，测量时气压充入内腔，它常用于测量压力、流量中的差压等与压力有关的物理量。所以开口膜盒也称为压力膜盒。

2）真空膜盒是内腔呈真空的密封盒，它被用来测量绝对压力或气压等物理量。填充膜盒是一种内腔充满液体的密封盒，填充物质有乙醇、乙醚、氟利昂和硅油等物质。

3）填充膜盒主要用于测温或控制仪表上，它也大量地使用在测量腐蚀性介质、二相流等压力仪表上。

膜盒压力表的结构示意图见图 2-10。当被测介质的压力（或负压），由导压管 14 引入膜盒 1 时，膜盒产生位移，由此移动弧形架 4，带动曲柄 7、拉杆 9、拐臂 10，最后推动指针 5 指示出相应的压力（或负压）。

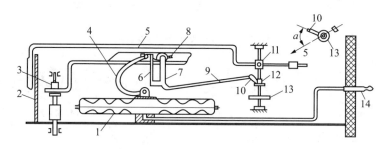

图 2-10　膜盒压力表结构示意图

1—膜盒；2—分度板；3—调节螺母；4—弧形架；5—指针；6—簧片；7—曲柄；8—调整螺钉；9—拉杆；
10—拐臂；11—固定指针套；12—固定轴；13—游丝；14—导压管

（4）波纹管压力计。波纹管是一种表面具有一定波纹形状的薄壁零件，在压力、轴向力、径向力（或弯矩）作用下均能使波纹管产生相应的位移，位移的大小与波纹管本身的工作特性有关，它在许多技术领域中得到应用，通常是利用其弹性特性将压力转换为力或位移。

工作原理：波纹管开口的一个端面焊接在固定的基座上，压力由此传至管内，在压力差的作用下，压力由开口处导入波纹管的内腔，在波纹管内外压力差的作用下，波纹管伸长或压缩，一直到压力弹性力平衡时为止，这时管的自由端就产生相应的位移，通过传动放大机构后，指针在刻度盘上偏转。波纹管压力计结构见图 2-11。

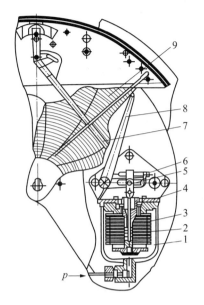

图2-11　波纹管压力计结构示意图

1—压力室；2—螺旋弹簧；3—波纹管；4—导压支杆；5—滑块；6—调节螺钉；
7—记录笔；8—拉杆；9—记录纸

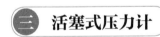 **活塞式压力计**

活塞式压力计广泛地应用于科研单位及计量部门，它具有液体式压力计及弹性式压力计所无法相比的优点。

活塞式压力计兼有液体式压力计及弹性式压力计的优点。它的测量范围为 $10^{-3} \sim 2.5 \times 10^{3}$ MPa，测量准确度最高可达 0.002%，仪器的体积又不是很庞大，适合于作为压力量值的基准及传递器具。

目前世界上大部分国家都采用它作为中等压力计量的基准器及标准器。

1. 工作原理

活塞式压力计的工作原理是流体静力平衡原理。作用在活塞底面上的压力使承载砝码的活塞浮于工作介质中，此时砝码、承重盘和活塞的质量所产生的重力与被测压力作用在活塞有效面积上的力相平衡，见图2-12，故有

$$p = \frac{Mg}{S_e} \tag{2-4}$$

式中：p 为被测压力值，Pa；M 为承重盘、活塞、砝码的质量，g；S_e 为活塞有效

面积，mm^2 ; g 为重力加速度，m/s^2。

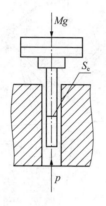

图 2-12　活塞工作原理图

　　活塞式压力计是根据流体静力平衡原理制造的。它主要由活塞、活塞筒和砝码组成，包括管道系统和加压泵等零部件组成的加压系统，见图 2-13。

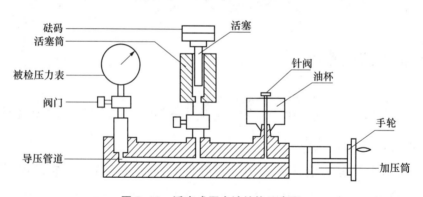

图 2-13　活塞式压力计结构示意图

2. 活塞式压力计的结构

　　活塞式压力计的测压范围极为宽广，结构上也因所测压力的不同而采用不同的结构，其活塞和活塞筒系统主要型式有以下三种，见图 2-14 :

　　（1）简单型活塞筒，中低压范围的活塞式压力计采用这种型式的活塞筒。

　　（2）反压型活塞筒，高压活塞筒结构。

　　（3）控制间隙型活塞筒，高精度高压力的标准活塞式压力计。

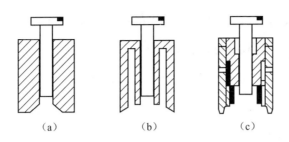

图 2-14　活塞筒系统结构示意图
（a）简单型；（b）反压型；（c）控制间隙型

3. 活塞式压力计的误差分析

（1）重力加速度的影响。地球上各地的重力加速度各不相同，相同质量的砝码和活塞连接件在不同的地点具有不同的重力。以下标 0 表示在标准重力加速度下的测量结果，以下标 t 表示在测量地点的测量结果，则由于重力加速度的影响而产生的误差为

$$\Delta p = p_t - p_0 = \left(\frac{g_t}{g_0} - 1 \right) \tag{2-5}$$

式中：Δp 为由于重力加速度的影响而产生的误差，%；p_t 为测量地点的测量结果，Pa；p_0 为标准重力加速度下的测量结果，Pa；g_t 为测量地点的重力加速度，m/s^2；g_0 标准重力加速度，m/s^2。

（2）活塞有效面积的影响。活塞有效面积的测量误差是活塞式压力计各分项误差中影响最大的误差项。

根据国际法制计量组织的建议，活塞初始有效面积的不确定度允许为其综合不确定度的 50%。

（3）温度的影响。温度对有效面积的影响也是不可忽略的。在活塞式压力计的检定规程中，对各等级的活塞式压力计在检定时的环境温度均有严格的规定。温度的变化影响活塞的有效面积。

（4）空气浮力的影响。在压力测量中空气浮力的影响是始终存在的，一般活塞式压力计的专用砝码在配重时都要考虑空气浮力的影响。

（5）高压下活塞变形影响。在低压时不考虑其变形，但是随着压力上限的增加，活塞有效面积因弹性变形而产生的误差也随之增加，在高压及超高压情况下会

产生大于 0.05% 的误差，有可能成为最大的误差因素。

（6）垂直性影响。当活塞式压力计的承重盘未放置水平时，它同样会引起相当的误差。同时活塞系统的机械摩擦增加，活塞的灵敏度下降。

四 电测式压力计

电测式压力计的工作原理是：通过某些转换元件，将压力变成电量来测量压力的压力计。电测式压力计主要由压力变送器构成，输出的是统一电信号值，主要有：应变式、固态压阻式、压电式、电感式、电容式、振频式等。

压力变送器是自动检测和调节系统中将压力或差压转换为可传送的统一输出信号的仪表，而且其输出信号与输入压力之间有一给定的连续函数关系，通常为线性函数，以便于指示，记录和调节。

常用的有电容式压力变送器、电感式压力变送器、霍尔式压力变送器等。

（1）压力变送器基本原理。变送器一般由输入转换部分、放大器和反馈部分组成，如图 2-15 所示。

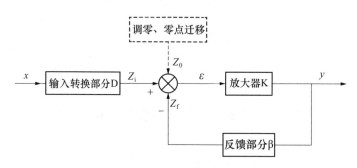

图 2-15　变送器基本组成框图

（2）压力变送器量程调整。量程调整的目的是使变送器的输出上限值与输入信号最大值相对应。量程调整实际上将改变变送器输入输出特性的斜率，即改变变送器输出与输入之间的关系。只要改变反馈部分特性，即改变反馈系数，就可以实现量程调整，反馈系数越大，量程越大，反之，反馈系数小，量程越小。有的变送器通过改变输入转换部分特性即转换系数来实现量程调整，转换系数越大，量程越小，反之，转换系数越小，量程越大。

（3）压力变送器零点调整和零点迁移。零点调整和零点迁移的目的是使变送器的输出信号下限值与输入信号的下限值相对应。当等于0时为零点调整；当不等于0时为零点迁移。

零点调整使变送器的测量起始点为零；若将测量起始点由零变到某一正值则称为正向迁移；若将测量起始点由零变到某一负值则称为负向迁移。

零点迁移使变送器的输入输出特性沿横坐标向右（正向迁移）或向左（负向迁移）移动，其斜率不变即量程不变。

零点迁移和量程调整可以提高变送器测量准确度。

（4）二线制和四线制变送器。变送器输出信号与电源的连接方式分为二线制和四线制两种，如图2-16所示。

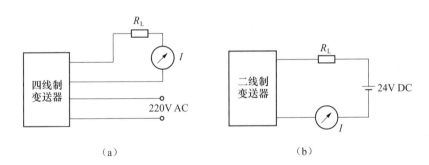

图 2-16　变送器输出信号与电源的连接方式
（a）四线制变送器；（b）二线制变送器

四线制变送器：有两根电源线，两根输出信号线。

二线制变送器：只与两根导线连接，这两根导线既是电源线又是信号线，同时传送变送器所需电源电压与输出电流。

二线制变送器可以节省电缆，铺设时只需一根穿线管道，若用于易燃易爆场合，还可节省一只安全栅。因此，二线制变送器具有降低成本、节省人力、提高安全性能的优点。

第 3 节
压力表的选择、安装和检定

 压力表的选择

1. 压力表的种类和型号选择

（1）按压力大小分类。

微压：液柱式压力计或膜盒式压力计；

高压：大于 50kPa，弹簧管压力表；

快速变化的压力：电气式压力表。

（2）按被测介质性质分类。

腐蚀性：防腐蚀；

黏度大：膜片；

氧、乙炔：专用压力表。

2. 压力表量程的选择

测量稳定压力时：P_{max}＜量程的 3/4；

测量脉动压力时：P_{max}＜量程的 1/2；

测量高压时：P_{max}＜量程的 3/5；

最小工作压力：不低于量程的 1/3。

最大工作压力和最小工作压力不能同时满足时，先满足最大工作压力。

量程系列：1、1.6、2.5、4.0、6.0kPa，及他们的 $10n$ 的倍数。

3. 准确度等级的选择

由最大允许误差确定。一般压力表的准确度等级分为：1、1.6、2.5、4 级。精密压力表的准确度等级分为：0.1、0.16、0.25、0.4 级。

【例题】有一台空气压缩机的缓冲罐，其工作压力是脉动的，变化范围为13.5~16MPa，工艺要求最大测量误差为0.8MPa，并可就地观察及高低限报警。试选一合适的压力表（包括测量范围、精度等级）。

【解】仪表量程选择：

空气压缩机的缓冲罐的压力视为脉动压力

$$p = p_{\max} \times 2 = 16 \times 2 = 32(\mathrm{MPa})$$

根据就地观察及能进行高低报警的要求，可选用YX-150型电接点压力表，测量范围为0~40MPa。

检验量程下限

$$\frac{13.5\mathrm{MPa}}{40\mathrm{MPa}} > \frac{1}{3}$$

被测压力的最小值不低于满量程的1/3，符合要求。

最大引用误差 $\frac{0.8}{40} \times 100\% = 2\%$ 。

所以选择测量范围为0~40MPa，精度等级为1.6级的YX-150型电接点压力表。

压力仪表的检定和校准

1. 弹簧管式压力表的检定条件

（1）对标准器的误差要求。标准器的允许误差绝对值应不大于被检压力表允许误差绝对值的1/4。

可供选用的标准器如下：

1）弹簧管式精密压力表和真空表；

2）活塞式压力计；

3）活塞式压力真空计；

4）液体压力计；

5）其他符合标准器误差要求的压力计量标准器。

辅助设备可供选用的如下：

1）压力校验器、真空校验器；

2）手掀泵、电动泵、真空泵；

3）油—气、油—水隔离器；

4）电接点信号发信设备；

5）高阻表：500V DC，2.5级；

6）超高压力表安全防护罩等。

（2）环境条件：

1）环境温度：（20±5）℃；

2）环境相对湿度：不大于85%；

3）环境压力：大气压。

压力表应在环境条件下至少静置2h方可检定。

检定用工作介质：测量上限不大于0.25MPa的压力表，工作介质为清洁的空气或无毒、无害和化学性能稳定的气体；测量上限大于0.25MPa的压力表，工作介质为无腐蚀性的液体。

（3）弹簧管式压力表的检定项目和检定方法。

1）外观。

a.外形。压力表的零部件装配应牢固、无松动现象；新制造的压力表涂层应均匀光洁、无明显剥脱现象；压力表应装有安全孔，安全孔上须有防尘装置；压力表按其所测介质不同，在压力表上应有规定的色标，并注明特殊介质的名称。氧气表还必须标以红色"禁油"字样。

b.标志。分度盘上应有如下标志：制造单位或商标；产品名称；计量单位和数字；计量器具制造许可证标志和编号；真空应有"–"号或"负"字；准确度等级；出厂编号。

2）示值误差，回程误差和轻敲位移的检定。标准仪器与压力表使用液体为工作介质时，它们的受压点应基本上在同一水平面上。如不在同一水平面上，应考虑由液柱高度差所产生的压力误差。

压力表的示值应按分度值的1/5估读。

a.示值检定方法。压力表的示值检定按标有数字的分度线进行。检定时逐渐平稳地升压（或降压），当示值达到测量上限后，切断压力源（或真空源），耐压3min，然后按原检定点平稳地降压（或升压）倒序回检。

b. 检定要求。示值误差：对每一检定点，在升压（或降压）和降压（或升压）检定时，轻敲表壳前、后的示值与标准器示值之差均应不大于规程所规定的允许误差。

回程误差：对同一检定点，在升压（或降压）和降压（或升压）检定时，轻敲表壳后示值之差应不大于规程所规定的允许误差绝对值。

轻敲位移：对每一检定点，在升压（或降压）和降压（或升压）检定时，轻敲表壳后引起的示值变动量均应不大于规程所规定的允许误差绝对值的 1/2。

指针偏转平稳性：在示值误差检定过程中，用目力观测指针的偏转，在测量范围内，指针偏转应平稳，无跳动和卡住现象。

2. 压力变送器的检定

（1）检定条件。

1）检定时所需的标准仪器及配套设备可按被检压力变送器的规格参照 JJG 882—2019《压力变送器检定规程》要求进行选择并组合成套。成套后的标准器，包括整个检定设备在内检定时引入的扩展不确定度 U_{95} 应不超过被检压力变送器最大允许误差绝对值的 1/4。

2）电源：交流供电的压力变送器，其电压变化不超过额定值的 ±1%，频率变化不超过额定值的 ±1%；直流供电的压力变送器，其电压变化不超过额定值的 ±1%。

3）气源：气动压力变送器的气源压力为 140kPa，变化不超过 ±1%。气源应无油无灰尘，露点稳定并低于压力变送器壳体 10℃。

（2）环境条件。

1）环境温度：（20±5）℃，每 10min 变化不大于 1℃；

2）相对湿度：45%~75%；

3）压力变送器所处环境应无影响输出稳定的机械振动；

4）电动压力变送器周围除地磁场外，应无影响其正常工作的外磁场。

（3）检定项目和方法。

1）外观检查。用目力观测和通电检查。

变送器的铭牌应完整、清晰，并具有以下信息：产品名称、型号规格、测量范围、准确度等级、额定工作压力等主要技术指标；制造厂的名称或商标、出厂编号、制造年月、制造计量器具许可证标志及编号；防爆产品还应有相应的防爆标志。

变送器零部件应完好无损，紧固件不得有松动和损伤现象，可动部分应灵活可靠。有显示单元的变送器，数字显示应清晰，不应有缺笔画现象。

首次检定的变送器的外壳、零件表面涂覆层应光洁、完好、无锈蚀和霉斑。

2）密封性检查。平稳地升压（或疏空），使压力变送器测量室压力达到测量上限值，关闭压力源。密封 15min，应无泄漏。在最后 5min 内通过压力表观察，其压力值下降（或上升）不得超过测量上限值的 2%。

3）绝缘电阻测量。断开压力变送器电源，将电源端子和输出端子分别短接。用绝缘电阻表分别测量电源端子与接地端子（外壳），电源端子与输出端子，输出端子与接地端子（外壳）之间的绝缘电阻。测量时，应稳定 5s 后读数。

在环境温度为 15~35℃，相对湿度为 45%~75% 时，变送器各组端子（包括外壳）之间的绝缘电阻应不小于 20MΩ。

二线制的变送器只进行输出端子对外壳的试验。

4）绝缘强度测量。断开压力变送器电源，将电源端子和输出端子分别短接。在耐电压试验仪上分别测量电源端子与接地端子（外壳），电源端子与输出端子，输出端子与接地端子（外壳）之间的绝缘强度。测量时，试验电压应从零开始增加，在 10s 内平滑均匀地升至规定值（误差不大于 10%），保持 1min 后，平滑地降低电压至零，并切断试验电源。

在环境温度为 15~35℃，相对湿度为 45%~75% 时，变送器各组端子（包括外壳）之间施加频率 50Hz 的试验电压，历时 1min 应无击穿和飞弧现象。

5）基本误差和回程误差。检定设备和被检变送器为达到热平衡，必须在检定条件下放置 2h；准确度低于 0.5 级的变送器可缩短放置时间，一般为 1h。

a.选择检定点。检定点的选择应按量程基本均匀分布，一般应包括上限值、下限值在内不少于 5 个点。优于 0.1 级和 0.05 级的压力变送器应不少于 9 个点。

对于输入量程可调的变送器，首次检定的压力变送器应将输入量程调到规定的最小、最大值分别进行检定；后续检定和使用中检验的压力变送器可只进行常用量程或送检者指定量程的检定。

b. 检定前的调整。检定前，用改变输入压力的办法对输出下限值和上限值进行调整，使其与理论的下限值和上限值相一致。一般可以通过调整"零点"和"满量程"来完成。具有现场总线的压力变送器，必须分别调整输入部分及输出部分的"零点"和"满量程"，同时将压力变送器的阻尼值调整为零。

c. 检定方法。从下限开始平稳地输入压力信号到各检定点，读取并记录输出值直至上限；然后反方向平稳改变压力信号到各个检定点，读取并记录输出值直至下限，这为一个循环。如此进行两个循环的检定。

强制检定的压力变送器应至少进行上述三个循环的检定。

在检定过程中不允许调整零点和量程，不允许轻敲和振动变送器，在接近检定点时，输入压力信号应足够慢，避免过冲现象。

d. 测量误差和回程误差的计算。

压力变送器的测量误差按以下公式计算

$$\Delta A = A_d - A_s \qquad (2\text{-}6)$$

压力变送器的回程误差按以下公式计算

$$\Delta A_1 = |A_{d1} - A_{d2}| \qquad (2\text{-}7)$$

式中：ΔA 为压力变送器各检定点的测量误差，kPa；A_d 为压力变送器上行程或下行程各检定点的实际输出值，kPa；A_s 为压力变送器各检定点的理论输出值，kPa；ΔA_1 为压力变送器的回差，kPa；A_{d1}、A_{d2} 为压力变送器上行程及下行程各检定点的实际输出值，kPa。

误差计算过程中数据处理原则。小数点后保留的位数应以舍入误差小于压力变送器最大允许误差的 1/10~1/20 为限。判断压力变送器是否合格应以舍入以后的数据为准。

e. 静压影响的检定。下限值变化的检定。将密封性检查后的差压变送器高、低压力容室连通，从大气压力缓慢输入至额定工作压力，保持 3min 后释放至大气压力。期间分别测量大气压力和额定工作压力状态下的输出下限值，并计算下限值的变化。

量程变化的检定。将差压变送器的高、低压力容室连通，输入额定工作压力，并测量输出下限值；然后关闭平衡阀，将低压力容室的压力降低，使高、低压力容室的压差为差压上限值，同时测量输出上限值。计算额定工作压力状态下的输出量程（输出上、下限值之差）；与大气压力状态下的输出量程比较，计算量程的变化。

考虑到高静压下测量输出量程变化的困难，后续检定和使用中检验的差压变送器，可只进行下限值变化的检定；定型鉴定（或样机试验）和首次检定的差压变送器应进行下限值和量程变化的检定。当差压变送器的静态过程压力大于 4MPa，因试验设备的原因使输出量程变化试验有困难时，可以降低压力，但不应低于 4MPa。

（4）检定结果的处理。按规程要求检定合格的压力变送器，出具检定证书；检定不合格的压力变送器，出具检定结果通知书，并注明不合格项目。

（5）检定周期。压力变送器的检定周期可根据使用环境条件、频繁程度和重要性来确定。一般不超过 1 年。

第 4 节
测量不确定度评定

 压力变送器测量结果的不确定度分析与评定

压力变送器是一种将压力变量转换为可传送的标准化输出信号的仪表，而且其输出信号与压力变量之间有一给定的连续函数关系（通常为线性函数）。主要用于工业过程压力参数的测量和控制。它的测量精度与测量压力源的稳定度、标准数字多用表的测量准确度相关。

使用时传压介质为气体时，介质应清洁、干燥；传压介质为液体时，介质应考虑使用变压器油或癸二酸酯，并应使变送器取压口的参考平面与活塞式压力计的活塞下端面（或标准器取压口的参考平面）在同一平面上。当高度差不大于式（2-8）时，引起的误差可以忽略不计，否则应予以修正

$$h = \frac{|a\%| \, p_{\mathrm{m}}}{10\rho g} \tag{2-8}$$

式中：h 为允许的高度差，m；a 为变送器的准确度等级指数；p_{m} 为变送器的输入量程；ρ 为传压介质的密度，kg/m^3；g 为当地的重力加速度，m/s^2。

压力变送器的检定或校准是热工计量试验室的一项重要工作，计量过程中对测试数据的不确定度分析和评定是评价试验室监督和校准能力的重要依据。本节以某厂家 6MPa 压力变送器为例，按照 JJG 882—2019《压力变送器检定规程》和 JJF 1059.1—2012《测量不确定度评定与表示》的要求对其进行不确定度评定。

1. 压力变送器的测量不确定度分析

在压力变送器的测量结果不确定度分析中，涉及用统计方法计算的不确定度分量统称为不确定度的 A 类评定。

B 类不确定度分量的评定是用非统计的方法来确定各分量的标准不确定度。B 类不确定度分量一般都比较清晰，且产生的分量不相互关联，容易从检定证书、技术资料、实践经验上得到。通过对压力变送器测量误差来源的分析，校准压力变送器的 B 类不确定度分量主要有以下 4 种：

（1）0.05 级活塞式压力计的准确引起的不确定度分量。

（2）数字多用表传递误差引起的不确定度分量。

（3）压力变送器膜盒中测量膜片的非线性误差引起的不确定度分量。

（4）变送器取压口的参考平面与活塞式压力计的活塞下端面的高度差引起不确定度分量。

按照 JJG 882—2019 的要求，在检定条件下（环境温度 20℃±5℃，相对湿度：45%~75%）放置 2h，按照图 2-17 进行连接后开始检测。检测时应从下限开始平稳地输入压力信号到各检定点，读取并记录输出值直至上限；然后反方向平稳改变压力信号到各个检定点，读取并记录输出值直至下限，这为一次循环。如此进行两个循环的检定。根据标准压力源换算出的标准电流值和数字多用表所显示的压力变送器输出的电流示值，计算被校准压力变送器的修正值，得到被检压力变送器的示值误差 E，并对测量结果进行不确定度分析，通过数学建模、结果分析、根据计算合成，得到合成不确定度。

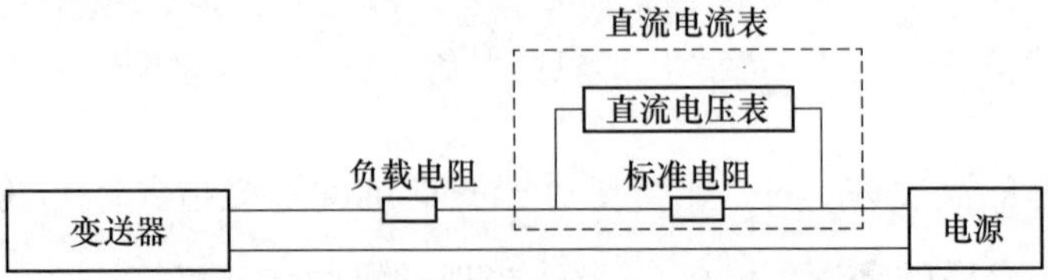

图 2-17　二线制电动压力变送器输出部分连接

2. 测量数学模型

以 3051 型 6MPa 压力变送器为例：

测量误差的数学模型为

$$\Delta I = I - (\frac{I_\mathrm{m}}{p_\mathrm{m}} \times p + I_0) \tag{2-9}$$

式中：ΔI 为压力变送器输出电流的误差，mA；I 为压力变送器的输出电流值，mA；I_m 为压力变送器输出量程，mA；p 为压力变送器的输入压力值 MPa；p_m 为压力变送器的输入量程，MPa；I_0 为压力变送器输出起始值，mA。

上述各参数互不相关，依据测量不确定度传播率公式

$$u_\mathrm{c}(y) = \sqrt{\sum_{i=1}^{N}\left[\frac{\partial f}{\partial x_i}\right]^2 u^2(x_i) + 2\sum_{i=1}^{N-1}\sum_{j=i+1}^{N}\frac{\partial f}{\partial x_i}\frac{\partial f}{\partial x_j}r(x_i,x_j)u(x_i)u(x_j)} \tag{2-10}$$

可以得到仪器示值误差的合成不确定度的表达式为

$$u_\mathrm{c}(E) = \sqrt{\left(\frac{\partial E}{\partial I}\right)^2 u^2(I) + \left[\frac{\partial E}{\partial\left(\frac{I_\mathrm{m}}{p_\mathrm{m}} \times p + I_0\right)}\right]^2 u^2\left(\frac{I_\mathrm{m}}{p_\mathrm{m}} \times p + I_0\right)} \tag{2-11}$$

输入压力对压力变送器输出误差的灵敏系数为

$$C_1 = \partial\Delta I / \partial p_\mathrm{m} = 16/6 = -2.7\mathrm{mA/MPa}$$

输出电流对压力变送器输出误差的灵敏系数为

$$C_2 = \partial\Delta I / \partial I = 1$$

仪器示值误差的合成不确定度为

$$u_\mathrm{c}(E) = \sqrt{u^2(I) + u^2\left(\frac{I_\mathrm{m}}{p_\mathrm{m}} \times p + I_0\right)} \tag{2-12}$$

3. 标准不确定度评定

（1）由示值重复性估算引起的不确定度：A 类不确定度分量 $u(W_1)$。由于实

际测量中各种随机因素和人为因素的影响导致了测量结果的不重复性，所引入的不确定度分量 $u(W_1)$，按 A 类评定。使用 0.05 级活塞式压力计校准 0.2 级压力变送器在 1.5、3、6MPa 三个点重复性条件下进行 10 次测量，测量结果见表 2-2。

表 2-2　　　　　　　　　A 类不确定度评定

次数	1.5MPa		3MPa		6MPa	
	上升（mA）	下降（mA）	上升（mA）	下降（mA）	上升（mA）	下降（mA）
1	8.0072	8.0112	11.9981	11.9982	20.0018	19.9986
2	8.0045	8.0096	11.9982	11.9983	20.0012	19.9992
3	8.0042	8.0085	11.9985	11.9982	20.0028	20.0001
4	8.0052	8.0062	11.9991	12.0006	20.0020	19.9998
5	8.0072	8.0069	12.0006	12.0016	20.0012	19.9992
6	8.0044	8.0064	12.0009	12.0019	20.0008	19.9998
7	8.0084	8.0068	12.0008	12.0016	20.0004	19.9996
8	8.0035	8.0068	12.0012	12.0012	20.0001	20.0008
9	8.0032	8.0057	12.0016	12.0022	19.9982	20.0018
10	8.0055	8.0087	12.0026	12.0020	19.9988	20.0018
平均值	8.0053	8.0077	12.0002	12.0006	20.0007	19.9998
单次实验室标准差（%）	0.0018	0.0018	0.0016	0.0017	0.0015	0.0014
平均值的标准差（%）	0.0013	0.0013	0.0012	0.0012	0.0011	0.0011

由于压力变送器实际工作中以升压和降压两次测量值的平均值作为测量结果，所以 A 类不确定度 $u(W_1)$ 以平均值的标准偏差表示。

其自由度 $v(W_1)=n-1=9$。

（2）B 类标准不确定度的评定。

1）标准引入的不确定度。

二等活塞式压力计的准确度等级为 0.05 级，在 6MPa 时最大允许误差为 ±0.003MPa。

按均匀分布估计取 $k=\sqrt{3}$，则 $u(p_1)=0.003/\sqrt{3}=0.00173$（MPa）。

该数字压力校验仪的灵敏系数为 -2.7mA/MPa，则 $u(W_2)=u(p_1)\times|c_1|=0.00173\times2.7=0.00467$（mA）。

由于 $u(W_2)$ 为标准器引入的不确定度分量，其可信度很高，因此其自由度 $v(W_2)\to\infty$。

2）数字多用表的示值误差分量。

校准压力变送器时，选用 7 位半的数字多用表测量的极限误差为 ± 0.0025mA。按均匀分布估计取 $k=\sqrt{3}$，则 $u(W_3)=0.0025/\sqrt{3}=0.0014$（mA）。

其自由度 $v(W_3)\to\infty$。

3）变送器取压口的参考平面与活塞式压力计的活塞下端面的高度差引起不确定度分量。

变压器油在 20℃ 时的密度：0.895kg/m^3，南京地区重力加速度为 9.7949m/s^2。校准标准器与被校压力变送器受压点的高度差为 6cm，其产生的测量误差为 $\Delta p=\rho gh=5.3\times 10^{-7}$MPa。

按均匀分布估计取 $k=\sqrt{3}$，则 $u(W_4)=\dfrac{\Delta p\times I_{\mathrm{F}}}{k\times P_{\mathrm{F}}}=\dfrac{5.3\times 10^{-7}\times 16}{\sqrt{3}\times 6}=0.00000082$（mA）。其自由度 $v(W_4)\to\infty$。

4）压力变送器膜盒中测量膜片的非线性误差引起的不确定度分量。

压力变送器波纹膜片所受压力与膜片中心扰度之间可用以下关系式表达

$$p=Aw_0+Bw_0^3 \tag{2-13}$$

$$A=\frac{E}{R^4}h^3a \ ; \ B=\frac{E}{R^4}hb$$

式中：w_0 为膜片中心扰度，mm；E 为膜片材料弹性模量，kgf/cm^2；h 为膜片厚度，mm；R 为膜片有效半径，mm。

波纹膜片的特性 $p=2\times(2.62\times 10^{-2}w_0+1.95\times 10^{-4}w_0^3)$。

膜片特性的非线性是膜片特性表达式中 w_0（膜片中心扰度）所致，因此其非线性误差可用下式估算

$$\Delta=\frac{1.95\times 10^{-4}w_0^3}{2.62\times 10^{-2}w_0}=7.44\times 10^{-3}w_0^2$$

通过说明书可知 w_0 为 0.1mm，得出其非线性误差估算值 $\Delta=0.0075\%$，在全量程内其按均匀分布估计取 $k=\sqrt{3}$，则

$$u(W_5)=\frac{0.0075\%\times 16}{\sqrt{3}}=0.00069（\text{mA}）$$

其自由度 $v(W_5)\to\infty$。

（3）标准不确定度分量。标准不确定度分量一览表见表 2-3。

表 2-3　　　　　　　　　　　　　　标准不确定度分量一览表

标准不确定度分量	不确定度分量来源	不确定度类型	标准不确定度值 $u(k)$			自由度
			1.5MPa	3MPa	6MPa	
$u(W_1)$	由示值重复性估算引起的不确定度	A	0.0013mA	0.0012mA	0.0012mA	9
$u(W_2)$	二等活塞式压力计的数字多用传递表误差引起的不确定度分量	B	0.00467mA	0.00467mA	0.00467mA	∞
$u(W_3)$	数字多用传递表误差引起的不确定度分量	B	0.0014mA	0.0014mA	0.0014mA	∞
$u(W_4)$	变压器取压口的参考平面与活塞式压力计的活塞下端面的高度差引起不确定度分量	B	0.00000082mA	0.00000082mA	0.00000082mA	∞
$u(W_5)$	压力变送器膜盒中测量膜片的非线性误差引起的不确定度分量	B	0.00069mA	0.00069mA	0.00069mA	∞

（4）合成标准不确定度。

1）单点的合成标准不确定度 u_{c1} 见表 2-4。

表 2-4　　　　　　　　　　　校准点的合成标准不确定度

量程	1.5MPa	3MPa	6MPa
合成标准不确定度 u_{c1}	0.0050mA	0.0050mA	0.0050mA

表 2-4 中

$$u_{c1} = \sqrt{\sum_{i=1}^{4} C_i^2(W) u^2(W_i)} \qquad （2-14）$$

2）全量程的合成标准不确定度 u_c。在单点的合成标准不确定度 u_{c1} 的基础上合成 $u(W_5)$ 压力变送器膜盒中测量膜片的非线性误差引起的不确定度分量即可构成压力变送器全量程的不确定度 u_c。

$$u_c = \sqrt{\sum_{i=1}^{5} C_i^2(W) u^2(W_i)} = 0.0051\text{mA}$$

（5）扩展不确定度。扩展不确定度 U 由合成标准不确定度 u_c 乘以包含因子得到，可表示为

$$U=k \times u_c \tag{2-15}$$

测量结果通常可表示为：$Y=\bar{x} \pm U$；$\bar{x}$ 是被测量 Y 的最佳估计值，被测量 Y 的可能值以较高的包含概率落在 $[\bar{x}-U, \bar{x}+U]$ 区间内，k 值一般取 2 或者 3，当 k 取 2 时表示该区间的置信概率约为 95%。

本节取置信概率约为 95%，包含因子 $k=2$，则压力变送器单点的合成不确定度 $U_1=k \times u_{c1}=2 \times 0.0050=0.010\text{mA}$。

该压力变送器测量范围为 0~6MPa，其全量程扩展不确定度 $U=0.011\text{mA}$，$k=2$。

4. 不确定度报告

（1）被检压力变送器在标准压力源为 1.5MPa 时测量结果 $Y=8.008\text{mA} \pm 0.010\text{mA}$，测量值的最佳估计值为 $\bar{E}=8.008\text{mA}$，扩展不确定度 $U=0.010\text{mA}$，$k=2$。

（2）被检压力变送器在标准压力源为 3MPa 时测量结果 $Y=12.001\text{mA} \pm 0.010\text{mA}$，测量值的最佳估计值为 $\bar{E}=12.001\text{mA}$，扩展不确定度 $U=0.010\text{mA}$，$k=2$。

（3）被检压力变送器在标准压力源为 6MPa 时测量结果 $Y=20.001\text{mA} \pm 0.010\text{mA}$，测量值的最佳估计值为 $\bar{E}=20.001\text{mA}$，扩展不确定度 $U=0.010\text{mA}$，$k=2$。

（4）被检压力变送器在标准压力源（0~6MPa）时，其全量程的扩展不确定度 $U=0.011\text{mA}$，$k=2$。

二 数字压力计不确定度分析与评定

数字压力计广泛用于工作用压力计量仪表的校准标准，也是可直接用于压力管道上监视仪表，它很直观地显示出压力管道内压力值，为预防事故发生、保障人身和财产安全起到了重要作用。因此数字压力计的测量结果及其不确定度评定具有很重要的意义。

1. 数字压力计的测量不确定度分析

在压力计的测量结果不确定度分析中，所涉及用统计方法计算的不确定度分量统称为不确定度的 A 类评定。

B 类不确定度分量的评定是用非统计的方法来确定各分量的标准不确定度。B 类不确定度分量一般都比较清晰，且产生的分量不相互关联，容易从检定证书、技术资料、实践经验上得到。通过对压力表测量误差来源的分析，校准压力表的 B 类不确定度分量主要有以下 3 种：

（1）标准器引入的不确定度分量。

（2）工作介质高度差引入的不确定度分量。

（3）控制稳定性引入的不确定度分量。

2. 测量数学模型

以 6MPa、0.4 级压力表为例。

测量误差的数学模型为

$$\Delta p = p_X - p_N \tag{2-16}$$

式中：Δp 为示值误差，MPa；p_X 为被检压力表示值，MPa；p_N 为标准器示值，MPa。

对数学模型进行微分求灵敏系数为

$$C_1 = \partial \Delta p / \partial p_X = 1 \quad C_2 = \partial \Delta p / \partial p_N = -1$$

3. 标准不确定度评定

（1）由示值重复性估算引起的不确定度：A 类不确定度分量 $u(W_1)$。输入量 p_R 的标准不确定度主要来源于测量重复性。

一般情况下，测量重复性评定采用 A 类标准不确定度评定。为了获得重复性测量的不确定度，在被校数字压力校验仪量程的 2、4、6MPa 点进行 10 次独立测量，得到测量值见表 2-5。

由于压力表实际工作中以升压和降压两次测量值的平均值作为测量结果，所以 A 类不确定度 u_1 以平均值的标准偏差表示。

其自由度 $v(W_1) = n - 1 = 9$。

（2）B 类标准不确定度的评定。

1）标准器引入的不确定度评定。已知标准器的准确度等级为 0.01%FS，被校数字压力校验仪的测量范围为 0~7MPa，则校准中产生的最大误差为 0.0007MPa，且在校准范围内服从均匀分布，则标准器引入的相对不确定度为 $u_2 = s/k = 0.0007/\sqrt{3} =$

0.0004（MPa）。

表 2-5   A 类不确定度评定

次数	2MPa		4MPa		6MPa	
	上升（MPa）	下降（MPa）	上升（MPa）	下降（MPa）	上升（MPa）	下降（MPa）
1	1.9998	1.9998	4.0001	4.0001	6.0002	6.0002
2	1.9998	1.9998	4.0001	4.0001	6.0002	6.0002
3	1.9998	1.9998	4.0001	4.0001	6.0002	6.0002
4	1.9998	1.9998	4.0001	4.0001	6.0002	6.0002
5	1.9998	1.9998	4.0001	4.0001	6.0000	6.0000
6	1.9998	1.9998	4.0001	4.0001	6.0002	6.0002
7	1.9998	1.9998	4.0001	4.0001	6.0002	6.0002
8	1.9998	1.9998	4.0000	4.0000	6.0002	6.0002
9	1.9997	1.9997	4.0001	4.0001	6.0000	6.0000
10	1.9998	1.9998	4.0001	4.0001	6.0002	6.0002
平均值	1.9998	1.9998	4.0001	4.0001	6.0002	6.0002
单次实验室标准差（MPa）	0.000053	0.000053	0.000048	0.000048	0.00052	0.00052
平均值的标准差（MPa）	0.00004	0.00004	0.00004	0.00004	0.00004	0.00004

由于 u_2 为标准器引入的不确定度分量，其可信度很高，因此其自由度 $v(W_2) \to \infty$。

2）工作介质高度差引入的不确定度。氮气在一个大气压下的密度为 1.25kg/m^3，氮气压力为 4MPa，南京地区重力加速度为 9.7949m/s^2。校准标准器与被校数字压力校验仪的受压点的高度差为 6cm，其产生的测量误差为 $p = \rho gh = (4 \times 1.25 \times 9.7949 \times 0.06)/1000000 = 0.000003$（MPa）。

其自由度 $v(W_3) \to \infty$。

工作介质高度差产生的测量误差在校准范围内服从均匀分布，则工作介质高度差引入的相对不确定度 $u_3 = \Delta p/k = 0.000003/\sqrt{3} = 0.000002$（MPa）。

3）控制稳定性引入的不确定度评定。标准器数字压力控制 / 校验仪说明书上指出其控制稳定度为 0.001%FS。

$u_4 = 7\text{MPa} \times 0.001\%/\sqrt{3} = 0.00004$（MPa）。

其自由度 $v(W_4) \to \infty$。

（3）标准不确定度分量。标准不确定度分量一览表见表2-6。

表2-6   标准不确定度分量一览表

标准不确定度分量	不确定度分量来源	不确定度类型	标准不确定度值 $u(k)$			自由度
			2MPa	4MPa	6MPa	
U_1	由示值重复性估算引起的不确定度	A	0.0013mA	0.0012mA	0.0012mA	9
U_2	标准引入的不确定度	B	0.0004MPa	0.0004MPa	0.0004MPa	∞
U_3	工作介质高度差引入的	B	0.000002MPa	0.000002MPa	0.000002MPa	∞
U_4	控制稳定性引入的	B	0.00004MPa	0.00004MPa	0.00004MPa	∞

（4）合成标准不确定度。因以上各项不确定度分量彼此独立，互不相关，则合成标准不确定度为：

2MPa 合成标准不确定度 $u_c = \sqrt{u^2_1 + u^2_2 + u^2_3 + u^2_4} = 0.0004\text{MPa}$；

4MPa 合成标准不确定度 $u_c = \sqrt{u^2_1 + u^2_2 + u^2_3 + u^2_4} = 0.0004\text{MPa}$；

6MPa 合成标准不确定度 $u_c = \sqrt{u^2_1 + u^2_2 + u^2_3 + u^2_4} = 0.0004\text{MPa}$。

（5）扩展不确定度。扩展不确定度 U 主要由合成标准不确定度 u_c 与包含因子相乘得到，可表示为

$$U = k \times u_c \qquad (2-17)$$

不确定度报告中测量结果一般可表示为 $Y = \bar{x} \pm U$；被测量 Y 的最佳估计值用平均值 $\bar{x}$ 表示，被测量 Y 的可能值以大概率事件落在 $[\bar{x} - U, \bar{x} + U]$ 区间内，该包含区间置信水平半宽度用扩展不确定度 U 表示。包含因子一般取2或者3。当包含因子取2时表示该区间的置信概率约为95%。

取置信概率约为95%，包含因子 $k=2$，则压力表的扩展不确定度 $U = k \times u_{c1} = 2 \times 0.0004\text{MPa} = 0.0008\text{MPa}$，$k=2$。

4. 不确定度报告

（1）被检数字压力计在 2MPa 时测量结果 Y=1.9998MPa ± 0.0008MPa，测量值的最佳估计值为 $\overline{E}$ =1.9998MPa，扩展不确定度 U=0.0008MPa，k=2。

（2）被检压力表在标准压力源为 4MPa 时测量结果 Y=4.0001MPa ± 0.0008MPa，测量值的最佳估计值为 $\overline{E}$ =4.0001MPa，扩展不确定度 U=0.0008MPa，k=2。

（3）被检压力表在标准压力源为 6MPa 时测量结果 Y=6.0002MPa ± 0.0008MPa，测量值的最佳估计值为 $\overline{E}$ =6.0002MPa 扩展不确定度 U=0.0008MPa，k=2。

第 5 节
新技术案例探讨

 压力计量产品及校准案例介绍

（一）压力检定校准设备

1.ConST811A 智能全自动压力校验仪

ConST811A 智能全自动压力校验仪实物图见图 2–18。

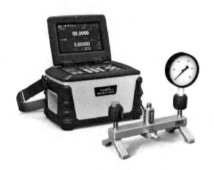

图 2-18　ConST811A 智能全自动压力校验仪

（1）功能特点：

1）内置自动压源，气压可至 6MPa，液压可至 60MPa；

2）智能操作系统、可触屏或实体键控制；

3）准确度等级可选 0.01、0.02、0.05 级；

4）充电电池或适配器供电。

（2）应用场景：可完成压力表、压力变送器、压力开关、压力传感器等压力仪表的检定、测试工作，可以计算误差、保存数据、导出记录。

2. ConST870 智能压力控制器

ConST870 智能控制器实物图见图 2-19。

图 2-19　ConST870 智能控制器

（1）功能特点：

1）最大提供 –99~25MPa 宽范围覆盖，可准确输出所需要的压力；

2）准确度等级可选 0.01、0.02、0.05 级；

3）自定义控压程序，按设定自动执行；

4）支持 3 路报警信号输出，可灵活选择如控制稳定、压力排空等条件；

5）通信指令兼容市场主流机型指令集，无缝对接既有软件系统；

6）方便自维护，快速更换控压模块、快速更换控压单元、快速清洁电磁阀、精细过滤污染颗粒等。

（2）应用场景：可完成压力表、压力开关、等压力仪表的检定、测试工作，可以计算误差、保存数据、导出记录。

3.ConST810 手持全自动压力校验仪

ConST810 手持全自动压力校验仪实物图见图 2-20。

（1）功能特点：

1）内置自动压源，气压可至 6MPa，液压可至 60MPa；

2）智能操作系统、操作简单；

3）准确度等级可选 0.01、0.02、0.05 级；

图 2-20 ConST810 手持全自动压力校验仪

4）充电电池或适配器供电；

5）单手可持握，方便现场工作。

（2）应用场景：主要应用于现场压力仪表的校准测试工作，应用行业包括电力、化工、制药车间、计量测试等。

4.ConST283 智能数字压力校验仪

ConST283 智能数字压力校验仪实物图见图 2-21。

图 2-21 ConST283 智能数字压力校验仪

（1）功能特点：

1）触摸屏、智能操作系统，操作简单；

2）准确度等级可选 0.01、0.02、0.05 级；

3）IP67 防护、防 1m 跌落，可靠性好；

4）Wi-Fi、BLE 等多种通信方式，数据导出方便。

（2）应用场景：ConST283 可完成 HART 智能压力（差压）变送器、普通压力（差压）变送器、压力开关、精密压力表、一般压力表等压力仪表的校验工作。

（二）压力检定校准案例

【案例 1】微差压表的全自动检定校准。

在现场和实验室微压表校准工作中，1kPa 的微压表，甚至小至 10Pa 的微压表很容易受环境温度和大气压变化等因素的影响，现场全自动压力校验仪采用自适应 PID 控制程序，可以很好地解决微压校准难题。

在校准工作中，只需要将微差压表的正负压力口与现场全自动压力校验仪的正负压力口直接连接，再使用现场全自动压力校验仪的阶跃输出功能或任务管理功能，就可以轻松完成校准工作。校准结果准确、可靠，并能自动形成检定记录和证书。实物图见图 2-22。

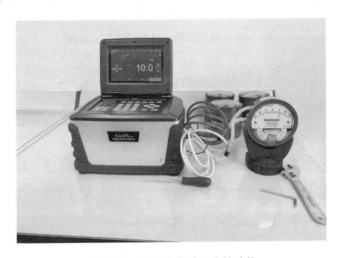

图 2-22　现场全自动压力校验仪

【案例 2】仪器仪表制造业中压力传感器的批量测试。

在整个工业体系中，传感器无处不在，市场巨大。中商产业研究院披露的数据显示，2020 年中国传感器市场规模 2510 亿元，同比增长 14.7%。随着社会的不断进步，传感器这一产业在互联网力量的赋能之下日益受到重视，再叠加相关扶持政策的出台，传感器行业将持续发展。2019 年工信部发布了工业强基工程重点产品、工艺"一条龙"应用计划的通知，其中包括了传感器"一条龙"应用计划。随着越来越多的压力传感器企业诞生，在此领域逐渐形成了自主创新的新局面，同时也需要用于研发和生产的各种智能装备。在压力传感器的生产过程，封测环节是核心工艺环节之一，由压力控制器为主体而组成的测试系统（见图2-23）将发挥巨大的作用。

图2-23　由压力控制器组成的测试系统

【案例3】摄像头助力于指针压力表自动检定。

目前指针式和数显式压力仪表在工业生产、电力传输等传统行业得到了广泛的应用，但一般缺少数字接口，检测时必须由人工读数，并需要专业的计量人员对仪表进行信息录入、数据检测、结果运算等工作。为了解决这一问题，由压力控制器和图像识别装置组成的新型智能压力检测系统，采用YOLOv5深度学习模型开发识别模块，通过构建和模拟神经网络以进行分析学习，获取仪表显示类别和定位仪表图像坐标，结合OpenCV图像处理，进行表盘、数字、指针、刻度图像的数字转化。新型压力仪表智能检测系统基于AI智能识别的压力信号采集技术，实现高效率、高准确度的自动图像信号数字转化。并可实现信息自动录入、数据自动检测、自动运算结果，极大地提升相关工作效率。集成AI技术的新型智能压力检测系统见图2-24。

注：以上3个实际案例均为北京康斯特仪表科技股份有限公司近年来中国大陆地区的新技术实际案例。

北京康斯特仪表科技股份有限公司（深交所股票代码300445）总部位于海淀区永丰产业基地，在美国洛杉矶、山东济南、江苏南京、北京延庆设立子公司。公司集机电一体化、智能控制、高端仪器仪表研发、精密制造于一体，专注于为全球

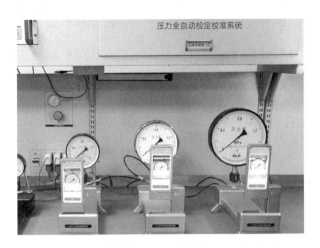

图 2-24 集成 AI 技术的新型智能压力检测系统

用户提供高性能和高可靠性的压力、温湿度、过程及电学校准测试仪器与解决方案。公司以国际化定位，构建北京中心的全球 24h 快速服务体系，实现国际市场营收占比近 40%，年均增长 30%。

公司以海淀区总部为中心，以延庆产业园为基地，以美国洛杉矶子公司和丹麦分部为国际销售平台，以济南长峰子公司和南京明德子公司为支撑，通过高端检测仪器业务、MEMS 传感器垂直产业、仪器管理云平台"一横一纵一焦点"的框架生态体系，聚焦高品质仪器仪表产业链，以突破性自主创新及智能制造为着力点，致力于成为具有全球领先的高端检测产业集团。

公司 2021 年营业收入 3.53 亿元，同比增长 22.21%，其中，国内市场营业收入 2.17 亿元，同比增长 22.1%，国际市场营业收入 1.36 亿元，同比增长 22.5%。2021 年研发投入营收占比 25%，同比增长 21.4%。公司近 10 年复合增长率保持在 20% 左右，研发投入占累计总营收的 17%。

公司持续高强度研发投入进行技术快速迭代，积累了大量核心及关键技术。截至目前累计获得国内外 260 余项专利，美国和欧洲累计授权发明专利 12 项，国内累计授权发明专利 25 项。经过多年技术积累，公司推出了多项全球领先的创新产品，多项具有颠覆性的创新产品领先国际竞争对手 2 代以上。

近年来公司获得多项殊荣，包括全国制造业单项冠军示范企业、智能制造示范试点企业、国家火炬计划重点高新技术企业、北京市企业技术中心、中国智能制造百强企业、北京市智能制造标杆企业、北京"专精特新"中小企业、北京专精特新"小巨人"企业。ConST811、ConST660、ConST810 三项产品分别获得北京市新技术新产品（服务）认定，ConST685 获得 if 设计奖。

二 水介质压力表测试装置的研制

（一）研制原理

1. 测量系统

水介质压力表测试装置是由水介质高压压力源、油水隔离器和标准数字压力表组成，如图 2-25 所示。

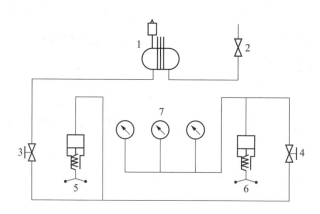

图 2-25　水介质压力表测试装置

1—油杯；2—疏空阀；3—回水阀；4—截止阀；5—预压机构；6—二次加压机构；7—压力表

2. 测量原理

水介质压力源测试装置是用纯净水作为加压介质，产生所需要的压力并进行压力传递，压力源是通过纯净水体积的变化，产生相应的压力，用增压活塞来调整腔体液体体积产生相对的压力；通过回水阀 3 控制腔体内液体的泄压，并和大气相连，得到大气压力值（即标准零位压力值）；关闭回水阀 3 就可以把需要测量的表计、压力源的加压腔体、测量腔体封闭在一个固定的腔体内，可以通过调整活塞来调整压力。在高压时利用同一个活塞加压，可能会很困难，考虑到加压的方便，可以设计成两级活塞加压，低压时用大直径活塞加压（预压机构 5），这样可以快速实现所需压力，高压时利用小直径的活塞加压（二次加压机构6），可以减小加压阻力，为了减小腔体来适应高低压活塞加压在高低压活塞间可以设置一个截止阀（预压截止阀4），用于去除低压活塞的腔体，同时也减小高压时，液体压力对低压活塞损伤。两种活塞可以做成不同的密封形式用于适应高低压加压，此预压截止阀4还有另一个作用，可以在低压时通过关闭测量腔体，打开回液截止阀，前后调整低压活塞实现低压时多次液体补充，扩大了被测腔体的容积，通过此液压源实现了液体连续的加减压操作。在关闭回水阀3的情况下，连续反向调整预压机构可快速实现真空的功能。测试装置工作原理见图2-26。

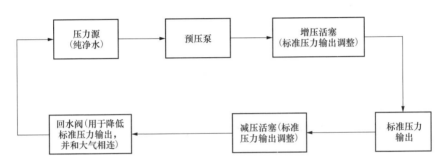

图2-26　测试装置工作原理图

（二）技术分析

一种紧凑型压力发生装置可使用水作为导压介质，在外力作用于操纵杆时，增压活塞下行，导压介质通过正单向阀排出增压缸体，释放操纵杆时，增压活塞上行，导压介质通过负单向阀吸入增压缸体，往复运动，实现压力发生目的。施加于操纵杆的作用力与输出压力成正比，与增压活塞的直径成正比；输出压力速度与增压活塞的直径成正比，与增压活塞的行程成正比。该装置在应用于不同要求的压力发生时，可对增压活塞的直径、行程、操纵杆的长度进行调整。紧凑型压力发生装置结构见图2-27。

安装于泵体底座的活塞缸11，紧密配合于活塞缸11内的增压活塞3，操纵杆1在操纵手柄5的作用下，安装于操纵杆1的轴套4，带动增压活塞3，以增压缸体轴心为直线向下运动，活塞缸11内的导压介质13推开正压阀体16内的正压阀片17输出，操纵杆1在操纵手柄5外力释放时，增压活塞3在复位弹簧12的作用

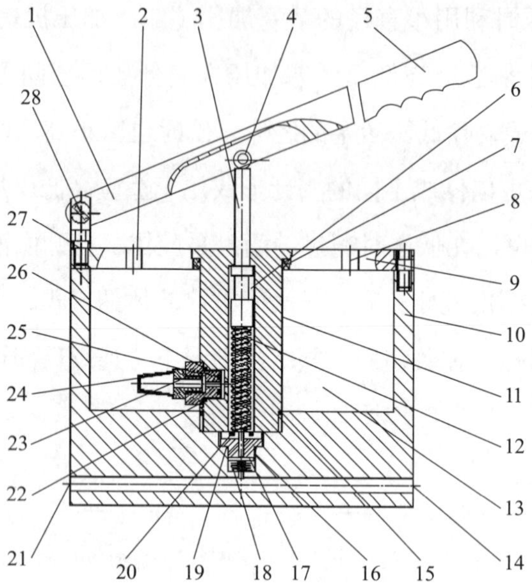

图 2-27 紧凑型压力发生装置结构图

1—操纵杆；2—加液口；3—增压活塞；4—轴、轴套；5—操纵手柄；6—增压密封圈；7—防液密封；8—泄气口；9—上盖；10—泵体；11—活塞缸；12—弹簧；13—导压介质；14—压力输出Ⅰ；15—活塞缸安装密封圈；16—正压阀体；17—正压阀片；18—正压阀圈；19—负压阀片；20—复位弹簧定位柱；21—压力输出Ⅱ；22—负压阀密封圈；23—负压阀体；24—滤网；25—负压阀片；26—负压阀圈；27—操纵杆固定支架；28—操纵杆固定支轴

下返回上始点，活塞缸 11 内形成负压，导压介质 13 推开负压阀体 23 内的负压阀片 25 输入活塞缸 11，如此循环作用，设计于泵体 10 内储液仓的导压介质 13 连续通过压力输出Ⅰ 14 和活塞输出Ⅱ 21 排出，实现造压。

（三）实验

JB/T 599—2005《压力表校验器》中的规定，加压 10min 后开始计时，5min 的泄漏量不得超过满量程的 5%。

JJG 52—2013《弹性元件式一般压力表、压力真空表和真空表检定规程》中对压力表校验器的规定，加压 5min 后开始计时，5min 的泄漏量不得超过满量程的 4%。对装置的密封性进行了测试，密封性试验实测数据见表 2-7，测试装置泄漏测试曲线图见图 2-28。

表 2-7　　　　　　　　　压力表密封性试验实测数据

施加压力（MPa）	加压时间（min）	实测压力（MPa）	泄漏量（%）
40	1	39.5	< 5
	2	39.5	
	3	39	
	4	39	
	5	38.5	
	6	38.5	< 4
	7	38	
	8	38	
	9	37.5	
	10	37.5	

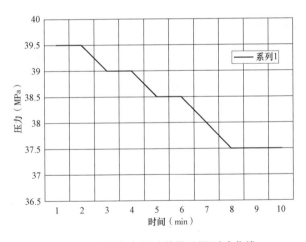

图 2-28　压力表测试装置泄漏测试曲线

三　一种螺纹块接口的结构设计及密封性影响分析

（一）结构组成

螺纹快接接口主要由接口本体、螺纹块、内接管、锁紧套组成，如图 2-29 所示。

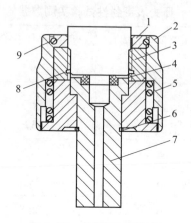

图 2-29　快接接口设计图

1—接口本体；2—锁紧套；3—螺纹块；4—密封圈；5—弹簧；6—卡簧；7—内接管；
8—膨胀簧；9—止脱弹簧

（二）技术分析

该快接接口在接口本体 1 内壁设置三个卡槽，卡槽夹角为 120°，卡槽内分别装有螺纹块 3，螺纹块 3 内壁为螺纹，其尺寸和卡槽配合，接口本体 1 下部装设内接管 7，内接管 7 和接口本体 1 底部设卡簧 6，内接管 7 延伸至螺纹块 3 的底面，内接管 7 的上部设密封圈 4 用于和被连接的仪表接口保持密封，接口本体 1 的外侧设锁紧套 2，接口本体 1 和锁紧套 2 之间的上部设止脱弹簧 9，下部间隙内设弹簧 5，螺纹块 3 下部设膨胀簧 8，由膨胀簧 8 将螺纹块 3 压紧在锁紧套 2 的配合面上再旋转。和仪表连接使用时，用力垂直压迫锁紧套 2，使其向下滑动，使与螺纹块 3 分开，留出间隙，使需要连接的仪表接头直接插入螺纹块 3 的底部，然后松开锁紧套 2，使其在弹簧 5 的弹力作用下回到原来的位置，同时锁紧螺纹块 3，使需要连接的仪表接头的螺纹和螺纹块 3 的螺纹配合，旋转需要连接的仪表的接头一圈左右，使需要连接的仪表接头的底面压紧密封圈 4，保证密封和安全。取出需要连接的仪表接头时，只要用力垂直压迫锁紧套 2，使其向下滑动，使螺纹块 3 分开，留出间隙后直接拔出即可完成。

（三）实验

为了实际验证所设计的螺纹连接接口的密封性，进行了实际工作情况下的实

验，由于连接接口的密封性合格与否没有相关规程的规定，参照了 JB/T 599—2005
《压力表校验器》中对耐压强度的规定，承受 10min 强度和密封性试验，从第 6min
开始计算，后 5min 的泄漏量不得超过 2.5MPa。

按照 40MPa 的试验压力对某型号的数字压力表进行 10min 密封性测试，测试
结果见表 2-8，快接接口的泄漏测试曲线图见图 2-30。

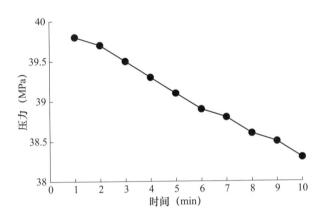

图 2-30　快接接口的泄漏测试曲线

表 2-8　　　　　　　　　　**压力表密封性试验实测数据**

施加压力（MPa）	加压时间（min）	实测压力（MPa）	泄漏量（MPa）
40	1	39.8	0.2
	2	39.7	0.3
	3	39.5	0.5
	4	39.3	0.7
	5	39.1	0.9
	6	38.9	1.1
	7	38.8	1.2
	8	38.6	1.4
	9	38.5	1.5
	10	38.3	1.8

四 多介质多量程高低压合体压力系统的实现

（一）研制原理

1. 主台体设计方案

本设计方案致力于兼容真空、液压、气压，–0.1~60MPa 的全量程实验室用压力检测设备。设计 4MPa 以下采用纯净的空气作为工作介质，4~60MPa 采用纯净的液体作为工作介质，而真空压力的获得必须通过真空泵来进行真空环境的造压，再配以高精度的数字压力模块和智能压力校验仪，即可实现数字化、高精度的压力测量，配合自动测试软件，实现测试方案的建立，数据的自动计算和存储。

2. 系统组成及原理

该系统压力回路主要由气压回路、真空回路、液压回路组成。压力回路的转换和连接通过二位三通电磁阀进行切换。每一路压力回路主要由增压单元、压力控制及调节单元、压力标准模块单元、数据显示输出及存储单元组成。参考实验室的实际需求，装置每路压力输出接口（液压回路和气压回路）拟各配置 3 个。其中 2 个用于被检仪表接入，一个用于标准模块接入，此配置要求既可实现实验室需同时检测 2 只同量程被检样品的需求，又避免了压力输出接口过多导致的压力输出不稳定和加压延迟等问题。

该系统的工作原理为：使用气压泵或者真空泵进行压力输出，经增压保压装置后，进入压力调节控制装置，经稳压后输出压力，标准表与被检表同时测量该压力值，标准表通过 RS232 通信接口将数据传输到软件里进行记录、运算、存储后进行输出或打印（见图 2–31）。

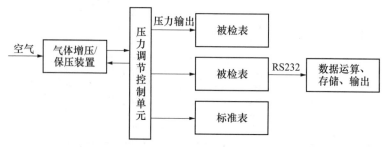

图 2–31 系统工作原理

3. 气压回路部分工作原理图

本系统的气压回路工作原理（见图 2-32）为 0~4MPa 内低压计量器具使用空气作为工作介质，气源由空气压缩机提供，将空气增压至 1MPa，再通过增压 / 保压缸将压力提升至 4MPa 后，由压力控制及调节单元控制输出压力，并根据被检计量器具校准点压力值的大小进行微调，输出精准的标准压力，再由被检计量器具和标准压力模块比较后进行绝对误差的计算。与标准模块相连的智能数字压力校验仪通过 RS232 接口将测试数据传输到软件客户端进行记录、存储，由系统处理后输出检测记录或检测证书。

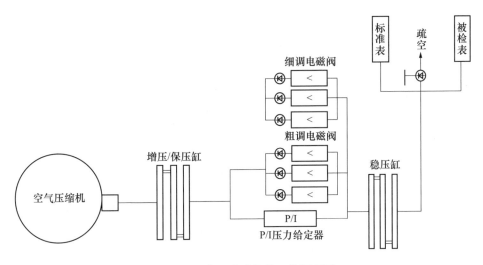

图 2-32　气压回路部分工作原理图

4. 真空回路部分工作原理

真空回路也采用与气压回路相同的原理，通过二位三通电磁阀切换，共用气压回路的后级控制回路，其原理图见图 2-33。

5. 油压回路部分工作原理

本系统油压回路工作压力在 4~60MPa，其前端与气压回路共用，只是在后端增加了二位三通电磁阀和气液转换增压器，其增压比为 1∶100。二位三通电磁阀是用来对装置的检定介质进行变换的，根据 1∶100 的比例液体介质的输出控制是由气体调节部分来完成的（见图 2-34）。

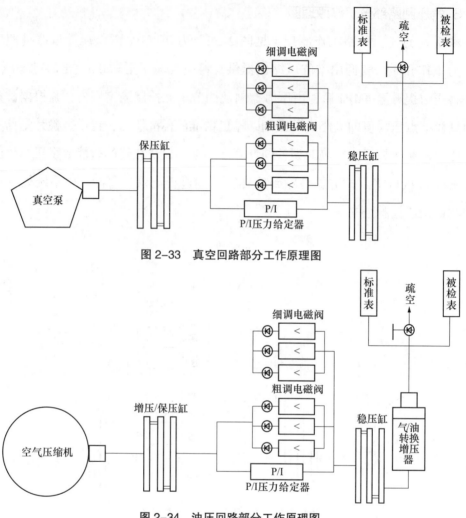

图 2-33 真空回路部分工作原理图

图 2-34 油压回路部分工作原理图

6.气液转换器工作原理

传统的液体压力控制器方案都是基于步进电机或伺服电机驱动活塞压缩液体实现压力控制。但是受限于电机功率及电机步进分辨率的限制，导致系统在带载能力和控压分辨率及稳定度上无法兼顾，同时电机功率的限制也导致加压速度缓慢。

气液转换器工作原理（见图 2-35）：主要依靠两个横截面积不同的活塞，利用空气压缩机作为驱动气源，用气源压力推动横截面积大的活塞，再用横截面积大的活塞推动横截面积小的活塞，使缸体内的液压油膨胀而产生高压，其好处是提高了系统的带载能力，在升压速度上远远超过了传统的纯液压加压控制方式。由于气体相对于液体而言压力控制更容易、更稳定，因此采用空气压缩机作为驱动源在压力稳定速度、分辨率、稳定度、带载能力上是传统液压加压控制方式无法比拟的。

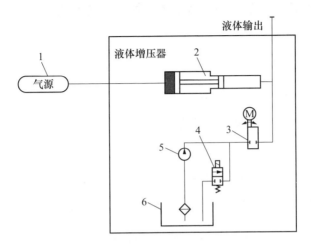

图 2-35　气／液转换增压器工作原理图

1—气源（氮气瓶）；2—增压缸；3—截止阀；4—泄压阀；5—预压泵；6—油箱

7. 整个系统的工作原理

由于气压、真空、油压的控压、稳压原理一样，我们可以在回路中添加二位三通电磁阀，用于切换工作介质，即可实现多介质合体压力系统（见图 2-36）。整体

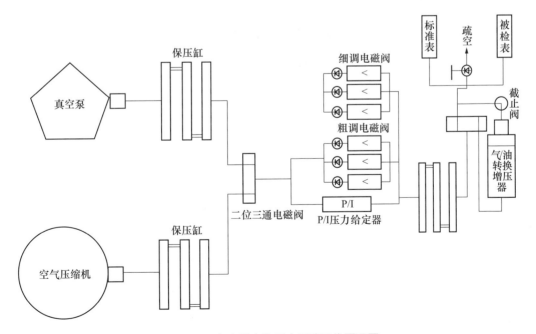

图 2-36　多介质合体压力回路工作原理图

装置的执行部分受环境温度的影响较大，为此在控制端的专用软件中需增加与环境温度呈线性变化的调节系数，该系数会随环境温度的变化对调节信号进行补偿。

（二）技术分析

该系统标准器部分主要还是采取压力模块形式，由于–0.1~60MPa的量程过大，而压力表的误差的判定形式采用的是引用误差，见式（2-18）

$$r = \frac{\Delta}{X_N}$$

（2-18）

式中：Δ 为绝对误差；X_N 为仪表的量程；r 为引用误差。

压力模块量程过宽会导致引用误差结果变小，不能准确反映仪表的真实情况。因此压力模块可分成4个量程段：0~–0.1MPa、0~0.6MPa、0~6MPa、0~60MPa。

（三）实验

由于本课题研究的最大压力为60MPa，按照JB/T 599—2005《压力表校验器》中的规定，其密封性试验压力为75MPa，加压10min，从第6min开始计算，在后5min内压力的下降值不得超试验压力的5%也就是3.75MPa。测试数据见表2-9。

表 2-9   压力表密封性试验实测数据

施加压力（MPa）	加压时间（min）	实测压力（MPa）	泄漏量（%）
75	1	74.95	< 5
	2	74.90	
	3	74.80	
	4	74.75	
	5	74.65	
	6	74.50	
	7	74.40	
	8	74.30	
	9	74.20	
	10	74.00	

五 一种用绝压传感器实现的全压压力测量装置

（一）研制原理

由图 2-37 可见绝对压力的测量范围包括了正压、负压及所有类型的压力，只是它们选取的基准压力不同。本节所采用的技术方案是：该全压压力测量装置包括绝压压力传感器、压力源（气瓶）、真空泵、压力控制单元、数据存储输出单元。

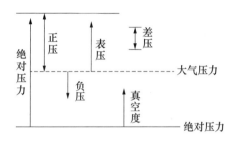

图 2-37 各种压力之间的关系

主要思路：由压力控制单元控制装置的压力输出，绝压传感器测量绝对压力，记录及计算处理单元主要记录工作前的大气压值，再与测量值做减法运算得出正压压力或负压压力。该全压压力测量装置节约成本，降低维护量，省时省力，提供了低成本的全压压力测量的解决方案。

（二）技术效果

本节用一种绝压模块实现正压、负压、绝压的全压力测量，采用一种测量模块替代了三种模块，提高了检测的准确度，降低了测量的不确定度，并且降低了设备成本。

该系统的测量原理为：开机后系统直接先测量大气压力值并存储，作为正压压力和负压压力测量的基准，当测量正压或负压压力时，系统计算方法为：压力 = 绝压压力 – 大气压力。当测量绝压压力时大气压力不参与计算。

本系统的工作原理为：使用气瓶进行压力输入，经气体减压阀调到合适的压力输入范围，再输入到压力调节控制单元进行稳压和控压。稳压控压主要依靠的标准参考值由绝压压力模块提供，（开机后第一时间系统将先测量大气压力值，并存储在系统里。供表压或负压时作为参考压力进行运算）绝压压力模块的测量值同时作为标准表的测量值使用。当压力稳定后被检表及标准表也同步稳定，被检表及标准表将测试数据同时通过 RS232 输入到计算机后台存储、计算后进行输出和打印（见图 2-38）。

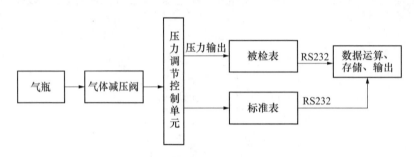

图 2-38　系统工作原理

全压压力的实现原理：

（1）正压。压力控制器预先设定所需压力，通过减压阀调节气瓶输出压力至被检表压力量程的 120%，经稳压缸后输出至压力控制器和绝压压力测量模块，（开机后压力控制器已经记录了绝压压力模块测量的大气压力值）当绝压模块测得的绝压压力减去大气压力值等于压力控制器预先设定的正压压力后，压力通过稳压缸稳压后输出，系统软件开始读取标准值和被检值进行存储运算。

（2）负压、绝压。

1）负压的测量原理：与正压相同只是不需要气瓶供气，需要真空泵来创造真空环境。

2）绝压的测量原理：由于本装置采用的是绝压模块测量，因此不需要进行转换，测量压力在大气压力以下需要采用真空泵，在大气压力以上需要采用气瓶。压力实现的气路图见图 2-39。

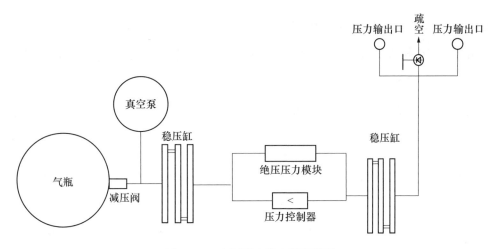

图 2-39　全压压力的实现气路图

（三）技术分析

压力测量装置中，压力类型主要分为正压、负压（真空）、绝压三种，其中每一个测量方式对应一种压力模块，然而每只标准压力模块的价格不菲，一台可以测量正压、负压（真空）、绝压三种压力的测量装置，势必要安装三个测量模块，增加了设备的生产成本，加重了企业的负担。

本研究一台可用一只绝压压力模块实现的多种压力测量（包括绝压、正压、负压三种测量方式）的全压压力的检测设备。

各种压力的定义：

（1）大气压力：是指地球表面上的空气因自身的自重所产生的压力，也就是围绕地球表面的空气由于地球对它的吸引力，在地球表面的单位面积上所产生的力。

（2）正压压力：是指以大气压力基准，大于大气压力的压力。

（3）负压压力：是指以大气压力基准，小于大气压力的压力。

（4）绝压压力：是以绝对零位作为压力基准，高于绝对零位压力的压力值。

各种压力之间的关系见图 2-37。

（四）实验

本次实验选择两只量程为 0~100kPa 和 200kPa 的数字压力计作为被检表，送同级检定机构进行检定后，再用本项目所研究的绝压传感器实现的全压压力测量装置进行比对来验证装置测量的不确定度。

由表 2-10 和表 2-11 可知，同级检定机构的测量数据与本实验室采用的绝压传感器实现的全压压力测量装置所检测的同一样品误差最大差值为 0.02kPa，小于本装置评定的测量不确定度为 0.04kPa。

表 2-10 量程为 0~-100kPa 实测数据 kPa

施加压力	同级检定机构测量值	本实验室测量值	｜差值｜
-10	-10.00	-10.00	0.00
-20	-19.99	-19.98	0.01
-30	-29.99	-29.98	0.01
-40	-40.00	-40.00	0.00
-50	-50.01	-50.00	0.01
-60	-60.00	-59.99	0.01
-70	-70.01	-70.00	0.01
-80	-80.00	-80.00	0.00
-90	-90.01	-90.00	0.01
-100	-99.99	-99.98	0.01

表 2-11 量程为 200kPa 实测数据 kPa

施加压力	同级检定机构测量值	本实验室测量值	｜差值｜
20	20.01	20.00	
40	40.00	39.98	
60	60.01	60.00	
80	80.01	79.98	
100	100.02	100.00	
120	120.03	120.02	0.01
140	140.02	140.00	
160	160.01	159.99	
180	180.01	179.99	
200	200.02	200.01	

核查式（2-18）

$$E_n = \frac{|r_1 - r_2|}{\sqrt{U_1^2 + U_2^2}} = \frac{|r_1 - r_2|}{\sqrt{2}U}$$

（2-18）

根据式（2-18）计算得到 E_n=0.35 符合要求。

经过实验可以发现，本课题研制的一种用绝压传感器实现的全压压力测量装置的技术指标完全符合相关技术要求。

第 6 节

习题及参考答案

1. 判断题

（1）大气压力就是地球表面大气自重所产生的压力，它不受时间、地点变化的影响。(×)

（2）直接安装在设备或管道上的仪表在安装完毕后，应随同设备或管道系统进行压力试验。(√)

（3）压力测量仪表按其工作原理的不同可分为液柱式压力计、弹簧式压力计、电气式压力计、活塞式压力计。(√)

（4）活塞式压力计是依据力平衡原理制成的。(×)

（5）标准仪器与压力表使用液体为工作介质时，它们的受压点应在同一水平面上，否则应考虑由液柱高度所产生的压力误差。(√)

（6）测压点的选择一般要选在被测介质做直线流动的直管段上。(√)

（7）一般压力表的弹性元件，不准直接测量高温介质，应使高温介质冷却到50~60℃ 以下时，方可进行测量。(×)

（8）将被测压力转换成液柱高度差来进行压力测量的压力计，称为弹性压力计。(×)

（9）当需要在阀门附近取压时，若取压点选在阀门前，其与阀门的距离必须大

于两倍的管道直径。（√）

（10）精密压力表精度等级较高，一般有 0.6、0.4、0.25 级。（√）

（11）压力测量在一般情况下，通入仪表的压力为绝对压力，压力表显示的压力为表压力。（√）

（12）弹簧管压力表所选用的弹簧管的截面常用的形式为圆形。（×）

（13）压力变送器只能测量正压，不能测量负压。（×）

（14）电动差压变送器的输出电流与差压是呈线性关系的。（√）

（15）变送器的零点调整和零点正负迁移是一回事，只是叫法不同。（×）

（16）所谓"零点迁移"就是把差压变送器的零点所对应的被测参数迁移到某一不为零的数值。（√）

（17）智能变送器的零点和量程都可以在手持通信器上进行设定和修改，所以不需要通压力信号进行校验。（×）

（18）当差压变送器的正压管堵塞时，压力增大；负压管堵塞时，压力减小。（×）

（19）差压变送器测流量时，若负压引压线堵，则测量值显示 100% 以上。（√）

（20）差压变送器上用的三阀组，其平衡阀关不严，有少量泄漏，对变送器的输出信号是不会有影响的。（×）

（21）打开缓冲器的平衡阀后，差压变送器的高低压室就与大气相通，使两室压力相同。（×）

（22）压力表应装有安全孔，安全孔上需有防尘装置。（√）

（23）环境温度对液柱压力计的测量精度没有影响。（×）

（24）真空压力表压力上限为 0.06MPa，真空部分检定两点示值。（×）

（25）活塞式压力计常被称为实验室的压力标准器。（√）

（26）压力变送器只能垂直安装。（×）

（27）压力变送器通常由感压单元与信号处理和转换单元两部分组成。（√）

（28）差压变送器的膜盒内充有水。（×）

（29）差压变送器的检测元件一般有单膜片和膜盒组件两种。（√）

（30）检定弹性元件式精密压力表时，在某一检定点上被检表的示值与其实际

值之差称为该检定点的修正值。（×）

（31）弹性形变是指当作用力取消后，弹性敏感元件能够恢复到初始的状态和尺寸的现象。（√）

（32）弹性元件式压力表是利用测压弹性元件变形所产生的力，来平衡被测压力的。（×）

（33）压力变送器的测量部分在承受测量上限压力时，不得有泄漏和损坏。（√）

（34）绝对压力变送器的检定前调整零点压力应在0点。（×）

（35）压力变送器调整零点不会影响压力变送器的量程。（√）

（36）设定点可调的压力控制器可不进行控压范围检定。（×）

（37）补偿式微压计作为微压标准器进行量值传递，可以测量非腐蚀性气体的微小压力。（√）

（38）SF_6气体是一种无毒、无色、无味，化学性能稳定的惰性气体，高压电气设备中已广泛使用SF_6气体替代绝缘油作为灭弧和绝缘介质。（√）

（39）1mm水柱是指温度为0℃时的纯水，在标准重力加速度下，1mm高水柱所产生的压力。（×）

（40）压力式六氟化硫气体密度控制器通过测量密闭设备内SF_6气体的压力来对SF_6气体密度进行监控。（√）

（41）JJG 49—2013《弹性元件式精密压力表和真空表》中规定：弹性元件式精密压力表的检定周期一般不超过半年。（×）

（42）JJG 49—2013《弹性元件式精密压力表和真空表》中规定，对于测量上限在0.25~400MPa的弹性元件式精密压力表，工作介质为无腐蚀性的液体。（√）

（43）JJG 49—2013《弹性元件式精密压力表和真空表》中规定：检定弹性元件式精密压力表的标准器最大允许误差的绝对值不得大于被检弹性元件式精密压力表最大允许误差绝对值的1/3。（×）

（44）JJG 49—2013《弹性元件式精密压力表和真空表》中规定：0.4级300分格弹性元件式精密压力表检定循环次数为一次。（×）

（45）JJG 49—2013《弹性元件式精密压力表和真空表》中规定：检定弹性元件式精密压力表检定点应不少于9个。（√）

（46）JJG 49—2013《弹性元件式精密压力表和真空表》中规定：弹性元件式精密压力表指针应能覆盖最短分度线长度的1/3~2/3。（×）

（47）JJG 49—2013《弹性元件式精密压力表和真空表》中规定：为达到热平衡，弹性元件式精密压力表在检定前应在规定的环境条件下至少静置2h。（√）

（48）JJG 49—2013《弹性元件式精密压力表和真空表》中规定：弹性元件式精密压力表示值误差检定时，被检精密压力表的示值按被检表分度值的1/10估读。（√）

（49）JJG 49—2013《弹性元件式精密压力表和真空表》中规定：检定弹性元件式精密真空表，应至少在10kPa绝对压力进行耐压检定。（√）

（50）JJG 49—2013《弹性元件是精密压力表和真空表》中规定：弹性元件式一般压力表回程误差是同一检定点升压、降压示值之差的绝对值。（×）

（51）JJG 49—2013《弹性元件是精密压力表和真空表》中规定，若检定一个1.6级测量范围为0~1.6MPa的弹性元件式一般压力表时，可选用一个0.05级0~4MPa的数字压力计作为标准器。（×）

（52）JJG 52—2013《弹性元件式一般压力表、压力真空表及真空表》中规定：压力测量上限为0.4MPa的压力真空表，检定真空部分时，疏空时指针应能指向真空方向。（√）

（53）JJG 52—2013《弹性元件式一般压力表、压力真空表及真空表》中规定：电接点压力表的绝缘电阻应不小于20MΩ。（√）

（54）JJG 52—2013《弹性元件式一般压力表、压力真空表及真空表》中规定：弹性元件式一般压力表的示值误差检定点选择至少为五个点。（×）

（55）JJG 52—2013《弹性元件式一般压力表、压力真空表及真空表》中规定：真空压力表测量上限的检定点按当地大气压90%以上选取。（√）

（56）JJG 52—2013《弹性元件式一般压力表、压力真空表及真空表》中规定：检定弹性元件式一般压力表时，当示值达到上限后，需耐压3min后再进行回程检定。（√）

（57）JJG 52—2013《弹性元件式一般压力表、压力真空表及真空表》中规定：弹性元件式一般压力表的误差一般是按测量上限计算的。（×）

（58）依据 JJG 882—2019《压力变送器》，0.1 级压力变送器检定时，选用成套的标准器及配套设备在检定时引入的扩展不确定度 U 应不超过被检压力变送器允许误差的 1/4。（×）

（59）依据 JJG 882—2019《压力变送器》，压力变送器误差计算过程中数据处理原则，小数点后保留的位数应以修约误差小于压力变送器最大允许误差的 1/10~1/20 为限。（×）

（60）依据 JJG 882—2019《压力变送器》，检定测量上限值大于 0.25MPa 的压力变送器，工作介质一般为无腐蚀性的气体、液体或根据标准器所要求使用的工作介质。（×）

（61）依据 JJG 882—2019《压力变送器》，压力变送器的回程误差不得大于基本误差的绝对值。（×）

（62）依据 JJG 882—2019《压力变送器》，检定压力变送器的工作介质为液体时，应使变送器取压口与标准器工作位置在同一平面上。（√）

（63）依据 JJG 882—2019《压力变送器》，0.05 级的数字压力计可以用来作为 0.5 级压力变送器的标准器。（×）

（64）依据 JJG 882—2019《压力变送器》，压力变送器绝缘电阻和绝缘强度只需要在首次检定时进行检定。（×）

（65）依据 JJG 875—2019《数字压力计》，检定 0.05 级以下的数字压力计所用的标准器的最大允许误差绝对值要小于被检压力计最大允许误差绝对值的 1/4。（×）

（66）依据 JJG 875—2019《数字压力计》，0.02 级的数字压力计，相邻两个检定周期之间的示值变化量不得大于最大允许误差的绝对值。（√）

（67）依据 JJG 875—2019《数字压力计》，0.05 级的数字压力计在后续检定时，检定循环次数有可能是三次。（√）

（68）依据 JJG 875—2019《数字压力计》，0.5 级的数字压力计在检定时，预热时间为 1h。（×）

（69）依据 JJG 875—2019《数字压力计》，数字压力计作为标准器必须是 0.05 级及以上且检定合格的。（×）

（70）依据 JJG 875—2019《数字压力计》，0.5 级的数字压力计示值误差检定时，不考核稳定性，因此可在预压时将压力计示值调整到最佳值。（√）

（71）依据 JJG 875—2019《数字压力计》，数字压力计后续检定中，电源端子对外壳之间的绝缘电阻应大于 20MΩ。（×）

（72）依据 JJG 875—2019《数字压力计》，测量上限大于 0.25MPa 的数字压力计检定时的工作介质可以是气体。（√）

（73）依据 JJG 875—2019《数字压力计》，单向差压数字压力计的示值误差检定时，可以只将高压端与标准器连接，将低压端通大气即可。（√）

（74）依据 JJG 544—2011《压力控制器》，压力控制器的设定点偏差应进行两个循环的检定。（×）

（75）依据 JJG 544—2011《压力控制器》，压力控制器各端子之间进行测量的绝缘电阻应大于 20MΩ。（×）

（76）依据 JJG 544—2011《压力控制器》，压力控制器绝缘电阻应用直流电压为 500V 的绝缘电阻表进行测试。（√）

（77）依据 JJG 544—2011《压力控制器》，对设定点可调的控制器，压力控制器控压范围应不小于 15%~95%，真空控制器范围应不小于 95%~15%。（√）

（78）依据 JJG 544—2011《压力控制器》，压力控制器的设定点偏差允许值为其准确度等级的百分数乘以控制器量程。（√）

（79）依据 JJG 544—2011《压力控制器》，切换差不可调的压力控制器，切换差应不大于量程的 30%。（×）

（80）依据 JJG 544—2011《压力控制器》，检定压力控制器所选标准器的最大允许误差绝对值小于被检控制器最大允许误差绝对值的 1/4。（×）

（81）依据 JJG 544—2011《压力控制器》，压力控制器的设定点范围是指设定点可调节的最大压力值和最小压力值之差。（√）

（82）依据 JJG 544—2011《压力控制器》，选用压力控制器最好使预定设定值位于控制器设定值调节范围的中间部分，一般为调节范围的 20%~80%。（√）

（83）依据 JJG 158—2013《补偿式微压计》，检定规程中规定 0~2500Pa 二等补偿式微压计零位对准误差的最大允许值为 ±0.1Pa；零位回复误差最大允许值为 ±0.2Pa。（×）

（84）依据 JJG 158—2013《补偿式微压计》，补偿式微压计标尺应以毫米为单位。垂直标尺和旋转标尺的零位刻度要一致，当垂直标尺处于零位线时，旋转标尺刻度盘上的零位偏差应不大于 0.2mm。（√）

（85）依据 JJG 158—2013《补偿式微压计》，检定一等补偿式微压计选用国家基准微压计作标准器；检定二等补偿式微压计选用一等补偿式微压计作标准器。（√）

（86）依据 JJG 158—2013《补偿式微压计》，检定二等补偿式微压计的环境温度要求为 20℃±5℃；温度波动要求不超过 1℃；相对湿度：不大于 85%。（√）

（87）依据 JJG 158—2013《补偿式微压计》，一等、二等补偿式微压计的分度值均为 0.01mm。（√）

（88）依据 JJG 158—2013《补偿式微压计》，补偿式微压计密封性检查是对微压计施加测量上限压力值，保持 10min，观察后 1min 的示值变化。（×）

（89）依据 JJG 1073—2011《压力式六氟化硫气体密度控制器》，检定压力式六氟化硫气体密度控制器的环境温度要求是（20±5）℃；环境湿度要求是 ≤ 80%RH。（×）

（90）依据 JJG 1073—2011《压力式六氟化硫气体密度控制器》，检定压力式六氟化硫气体密度控制器所使用标准器的允许误差绝对值不得大于被检仪表允许误差绝对值的 1/3。（×）

（91）依据 JJG 1073—2011《压力式六氟化硫气体密度控制器》，压力式六氟化硫气体密度控制器玻璃应无色透明，不得有妨碍读数的缺陷或损伤；仪表分度盘应平整光洁，各数字及标志应清晰可辨；指针指示端应能覆盖最短分度线长度的 1/4~2/4。（×）

（92）依据 JJG 1073—2011《压力式六氟化硫气体密度控制器》，检定压力式六氟化硫气体密度控制器的高低温试验箱的技术指标为，允许误差 ±2℃，温场波动性 ≤ 1℃；温场均匀性 ≤ 1℃。（√）

（93）依据 JJG 1073—2011《压力式六氟化硫气体密度控制器》，压力式六氟化硫气体密度控制器检定周期可根据使用环境及使用频繁程度确定，一般不超过 1 年。（√）

（94）依据 JJG 1073—2011《压力式六氟化硫气体密度控制器》，标准器对六氟化硫气体密度控制器的触点动作值的测试电压不低于 24V。（√）

（95）依据 JJG 1073—2011《压力式六氟化硫气体密度控制器》，压力式六氟化硫气体密度控制器回程误差和轻敲位移均不得大于示值最大允许误差绝对值。（×）

（96）依据 JJG 1073—2011《压力式六氟化硫气体密度控制器》，压力式六氟化硫气体密度控制器的绝缘电阻应不小于 20MΩ。（×）

2. 单项选择题

（1）大气压力随着海拔的升高而（B）。

A. 增大　　　　　　B. 减小　　　　　　C. 不变

（2）工业现场压力表的示值表示被测参数的（C）。

A. 动压　　　　B. 全压　　　　C. 静压　　　　D. 绝压

（3）当被测介质具有腐蚀性时，必须在压力表前加装（A）。

A. 隔离装置　　　B. 冷却装置　　　C. 缓冲装置　　　D. 平衡装置

（4）导压管应以尽量短的路径敷设，是为了（C）。

A. 减少热量损失　　B. 减少振动　　C. 减少测量时滞　　D. 增大稳定性

（5）测量压力在 40kPa 以上时，宜选用（A）。

A. 弹簧压力表　　B. 膜盒压力表　　C. 任意选用

（6）测量余压需在绝对压力（A）大气压力的条件下进行。

A. 大于　　　　　　B. 小于　　　　　　C. 等于

（7）带有止销的压力表，在无压力或真空时，指针应紧靠止销，"缩格"应不超过（A）。

A. 允许误差绝对值　　　　　　　B. 允许误差绝对值 2 倍

C. 允许误差　　　　　　　　　　D. 允许误差 2 倍

（8）就地压力表应安装弹簧圈（或缓冲管），其应安装在（B）。

A. 一次门后　　　　B. 二次门后　　　　C. 二次门前　　　　D. 一次门前

（9）弹簧管压力表的零位由（A）方法调整。

A. 重新上指针　　　B. 示值调整螺钉　　　C. 调游丝松紧程度 D. 转动机芯

（10）若一台压力变送器在现场使用时发现量程偏小，将变送器量程扩大，而二次显示仪表量程未做修改，则所测压力示值比实际压力值（B）。

A. 偏大　　　　　　B. 偏小　　　　　　C. 不变

（11）如果智能压力变送器的量程为 10kPa，那么测量其回路电流为 16mA，则其压力值应为（C）。

A. 9kPa　　　　　　B. 8kPa　　　　　　C. 7.5kPa

（12）变送器的测量元件膜盒的作用是将（C）转换成集中力。

A. 被测差压　　　　B. 压力信号　　　　C. 被测介质压力　　D. 系统压力

（13）迁移差压变送器，在加迁移时，其测量起始点为（C）。

A. 满刻度点　　　　B. 某一正值　　　　C. 某一负值　　　　D. 零

（14）某压力变送器的测量原 0~100kPa，现零点迁移 100%，则仪表的测量范围为（D）。

A. 0~100kPa　　　　B. 50~100kPa　　　C. –50~+50kPa　　　D. 100~200kPa

（15）差压变送器的不同测量范围是由于测量膜片的（A）。

A. 厚度不同　　　　B. 材料不同　　　　C. 直径不同

（16）现有两台压力变送器，第一台为 1 级 0~600kPa，第二台为 1 级 250~500kPa，测量变化范围 320~360kPa 的压力，哪台测量准确度高？（B）

A. 第一台准确度高 B. 第二台准确度高 C. 两者结果一样

（17）扩散硅压力变送器测量线路中，电阻 r_f 是电路的负反馈电阻，其作用是（C）。

A. 进一步减小非线性误差　　　　　B. 获得变送器的线性输出

C. 调整仪表的满刻度输出　　　　　D. 利于环境的温度补偿

（18）将被测差压转换成电信号的设备是（C）。

A. 平衡电容　　　　B. 脉冲管路　　　　C. 差压变送器　　　D. 显示器

（19）电容式差压变送器的正负导压管与正负压室方向相反时，不必改动导压管，只需将其电路部件相对于测量膜盒转动多少角度？（C）

A. 90°　　　　　　　B. 360°　　　　　　　C. 180°

（20）电容式差压变送器在调校时不应该怎样做？（D）

A. 调零点　　　　B. 调量程　　　　C. 调线性度　　　　D. 切断电源

（21）电动差压变送器输出开路影响的检定，应在输入量程（B）的信号下进行。

A. 30%　　　　　　B. 50%　　　　　　C. 80%　　　　　　D.100%

（22）对新制造的电动压力变送器进行检定时，其中无须检定的项目是（B）。

A. 外观　　　　B. 过范围影响　　　C. 密封性　　　D. 基本误差

（23）一个工程大气压约等于（B）。

A. 1MPa　　　　　B.0.1MPa　　　　　C. 10MPa

（24）不属于弹性式压力表的是（D）。

A. 膜片　　　　B. 波纹管式　　　C. 弹簧管　　　D. 数字式

（25）压力表精度等级是根据（A）来划分的。

A. 引用误差　　　B. 相对误差　　　C. 偶然误差　　　D. 绝对误差

（26）一块压力表的最大引用误差（B）其精度等级时，这块压力表才合格。

A. 大于　　　　　B. 小于　　　　　C. 等于

（27）压力表的使用范围一般在它量程的 1/3~2/3 处，如果低于 1/3 则（C）。

A. 精度等级下降　　　　　　　B. 因压力过低而没指示

C. 相对误差增加

（28）测量负压是在大气压力（C）绝对压力的条件下进行。

A. 小于　　　　　B. 等于　　　　　C. 大于

（29）测量上限在 0.25MPa 以下的压力表，检定时应使用（D）作为工作介质。

A. 油　　　　　B. 水　　　　　C. 酒精　　　　D. 空气或氮气

（30）活塞式压力计上的砝码标的是（A）。

A. 压力　　　　　B. 重量　　　　　C. 质量

（31）下列不属于电动变送器标准信号的是（D）。

A. 0~10mA   B. 4~20mA   C. 1~5V   D. 0~20mA

（32）一压力变送器的输出范围为 20~100kPa，那么它测量时最大可以测到（C）。

A. 99.999kPa   B. 101kPa   C. 100kPa   D. 20kPa

（33）对压力变送器及二次仪表进行全套系统检定时，输入的标准信号应该是（A）。

A. 变送器的输入压力   B. 变送器的输出电流

C. 二次仪表所指示的压力值

（34）对电容式压力变送器进行零位调整时，对变送器的量程（B）影响。

A. 有   B. 无

（35）对电容式压力变送器进行量程调整时，对变送器的零点（A）影响。

A. 有   B. 无

（36）差压变送器的膜盒内充有（C），它除了传递压力之外，还有阻尼作用，所以仪表输出平稳。

A. 隔离液   B. 纯水   C. 硅油

（37）差压的平方根与流量成（B），而差压与变送器输出的电流成（B）。

A. 正比，反比   B. 正比，正比   C. 反比，正比   D. 反比，反比

（38）向差压变送器的正、负压室同时输入相同的压力时，变送器的输出零位产生偏移，偏移值随着静压的增加而发生变化，这种由于静压而产生的误差叫什么？（A）

A. 静压误差   B. 相对误差   C. 基本误差

（39）数字压力计检定，被检压力表采用的方法是（B）。

A. 平衡法   B. 比较法   C. 替代比较法   D. 直接比较法

（40）测量范围为 0~16MPa 的数字压力计在标准压力 2MPa 时对应的检定压力值为 2.015MPa，该数字压力计在该点的引用误差是（C）。

A. 0.75%   B. 0~0.75%   C. 0.09%   D. −0.09%

（41）检定压力控制器选择标准器应用被检控制器的（C）进行考核。

A. 最大允许误差　　B. 设定点偏差　　C. 重复性误差　　D. 切换差

（42）检定压力式六氟化硫气体密度控制器时，设定值与仪表信号切换时实际压力的差值称为（B）。

A. 切换差　　　　B. 设定点偏差　　C. 示值误差　　　D. 回程误差

（43）在相同条件下，压力式六氟化硫气体密度控制器在同一检定点上正、反行程示值之差称为（C）。

A. 迟滞变差　　　B. 示值变动量　　C. 回程误差　　　D. 切换差

（44）弹性元件式精密压力表的示值经过修正后，（A）。

A. 可消除部分误差　B. 不能消除误差　C. 不存在误差　　D. 误差为0

（45）检定弹性元件式精密压力表时，当在弹性元件上加负荷停止或完全卸荷后，弹性元件不会立即完成相应变形，而是要经过一段时间后才能完成相应的变形，这种现象称为弹性元件的（D）。

A. 迟滞变差　　　B. 弹性迟滞　　　C. 残余变形　　　D. 弹性后效

（46）在压力仪表测压时，其示值不受地区重力加速度影响的压力仪表是（A）。

A. 弹性元件式精密压力表　　　B. 液体压力计　　　C. 活塞式压力计

（47）氧气压力表标示被测介质横线的颜色为（A）。

A. 天蓝色　　　　B. 绿色　　　　　C. 黄色　　　　　D. 红色

（48）检定电接点压力表时，切换值是指输出从一种状态换到另一种状态时测得的（B）。

A. 输出量　　　　B. 输入量　　　　C. 示值　　　　　D. 电信号

（49）压力变送器的输出信号与压力变量之间的函数关系是（C）。

A. 三角函数　　　B. 非线性函数　　C. 线性函数　　　D. 一次函数

（50）依据 JJG 875—2019《数字压力计》，数字压力计的检定周期一般不超过1年，对示值稳定性不合格的压力计，检定周期一般不超过（B）。

A. 1年　　　　　B. 半年　　　　　C. 3个月　　　　D. 2年

（51）依据 JJG 875—2019《数字压力计》，0.05级测量范围为 −0.1~0.1MPa 数字压力计的回程误差应不大于（A）。

A. 0.0001MPa　　B. ±0.0001MPa　　C. 0.00005MPa　　D. ±0.00005MPa

（52）依据 JJG 875—2019《数字压力计》，数字压力计的零位漂移在 1h 内不得大于（D）。

A. 最大允许误差 B. 最大允许误差绝对值

C. 最大允许误差 1/2 D. 最大允许误差绝对值 1/2

（53）依据 JJG 875—2019《数字压力计》，一台 0.05 级测量范围为 80~110kPa 的绝压数字压力计，其最大允许误差为（C）。

A. ± 0.015kPa B. ± 0.040kPa C. ± 0.055kPa D. ± 0.030kPa

（54）依据 JJG 875—2019《数字压力计》，一台 0.05 级的数字压力计，测量范围为 –100~400kPa，则在 –80kPa 检定点的最大允许误差为（D）。

A. 0.04kPa B. 0.05kPa C. 0.20kPa D. 0.25kPa

（55）依据 JJG 875—2019《数字压力计》，数字压力计需要进行一个检定循环的是（D）。

A. 0.01 级 B. 0.02 级 C. 0.05 级 D. 0.1 级

（56）依据 JJG 875—2019《数字压力计》，差压数字压力计的静压零位误差不应大于（B）。

A. 最大允许误差 B. 最大允许误差绝对值

C. 最大允许误差 1/2 D. 最大允许误差绝对值 1/2

（57）依据 JJG 544—2011《压力控制器》，检定前，压力控制器须在环境条件下放置（D），方可进行检定。

A. 0.5h B. 1h C. 1.5h D. 2h

（58）依据 JJG 544—2011《压力控制器》，压力控制器的检定周期一般不超过（B）。

A. 6 个月 B. 1 年 C. 2 年 D. 3 年

（59）依据 JJG 544—2011《压力控制器》，压力控制器绝缘电阻应在环境温度为（A），相对湿度为 45%~75% 的条件下进行测试。

A. 15~35℃ B.（20 ± 5）℃ C. 15~30℃ D.（20 ± 10）℃

（60）依据 JJG 544—2011《压力控制器》，1.5 级量程为 –0.1~0.6MPa 的压力控制器重复性误差允许值为（A）。

A. 0.0105MPa　　　B. ± 0.0105MPa　　　C. ± 0.009MPa　　　D. ± 0.009MPa

（61）依据 JJG 544—2011《压力控制器》，切换差可调的压力控制器，其最小切换差应不大于（B）。

A. 量程的 5%　　　B. 量程的 10%　　　C. 量程的 20%　　　D. 量程的 30%

（62）依据 JJG 544—2011《压力控制器》，压力控制器同一设定点上切换值和下切换值之差称为（D）。

A. 设定点偏差　　　B. 重复性误差　　　C. 切换值　　　D. 切换差

（63）依据 JJG 544—2011《压力控制器》，检定压力控制器的标准器的量程应该能覆盖压力控制器的（D）。

A. 压力上限

B. 控压范围上限

C. 上限设定点

D. 控压范围上限时的上切换值

（64）依据 JJG 544—2011《压力控制器》，1.5 级压力控制器，控制器量程为1.4~12.07MPa，设定点为 7MPa，其上切换值平均值为 7.098，则该压力控制器设定点偏差为（B）。

A. –0.92%　　　B. 0.92%　　　C. –0.81%　　　D. 0.81%

（65）依据 JJG 544—2011《压力控制器》，1.5 级不可调的压力控制器，控制器量程为 1.4~12.07MPa，设定点为 7MPa，其上切换值平均值为 7.098，重复性误差为 1.5%，切换差为 2% 则该压力控制器应出具（A）。

A. 检定证书　　　B. 校准证书　　　C. 测试证书　　　D. 检定结果通知书

（66）依据 JJG 158—2013《补偿式微压计》，二等补偿式微压计的分度值应为（A）。

A. 0.01mm　　　B. 0.02mm　　　C. 0.1mm　　　D. 0.2mm

（67）依据 JJG 158—2013《补偿式微压计》，补偿式微压计检定点的选取（C），在标有计量数字的测量上限，并较均匀分布在标尺测量范围内。

A. 不应少于 8 点

B. 不应少于 10 点

C. 不应少于 8 点（不含零点）

D. 不应少于 9 点（不含零点）

（68）依据 JJG 158—2013《补偿式微压计》，补偿式微压计示值误差检定时读数应估读到分度值的（A）。

A. 1/10　　　B. 1/5　　　C. 1/3　　　D. 1/2

（69）依据 JJG 158—2013《补偿式微压计》，补偿式微压计的检定周期可根据具体使用情况确定，一般不超过（C）。

A. 6 个月 B. 1 年 C. 2 年 D. 3 年

（70）依据 JJG 158—2013《补偿式微压计》，测量范围为 –1.5~1.5kPa，一等补偿式微压计的最大允许误差为（A）。

A. ± 0.4Pa B. ± 0.5Pa C. ± 0.6Pa D. ± 0.8Pa

（71）依据 JJG 158—2013《补偿式微压计》，测量范围为 –2.5~2.5kPa，二等补偿式微压计的零位回复误差的最大允许值为（C）。

A. ± 0.1Pa B. ± 0.2Pa C. ± 0.3Pa D. ± 0.4Pa

（72）依据 JJG 158—2013《补偿式微压计》，补偿式微压计调零时需转动标尺，使微压计的垂直及旋转标尺均置零，再调节（B）使平面镜中反映的度数尖头与其倒影相切。

A. 水准器 B. 调零螺母 C. 大容器 D. 小容器

（73）依据 JJG 158—2013《补偿式微压计》，测量范围为 –1.5~1.5kPa，补偿式微压计检定耐压强度时需加压至（D）并持续 10min。

A. 1.5kPa B. 2.0kPa C. 2.5kPa D. 3.0kPa

（74）依据 JJG 158—2013《补偿式微压计》，下列补偿式微压计压力示值误差 $\Delta\rho$ 计算公式（式中 ρ 为检定温度下纯水密度；ρ_a 为检定环境温度下空气密度；g 为使用地点重力加速度）正确的为（C）。

A. $\Delta\rho = \rho g \Delta h \left(\rho / \rho_a - 1\right) \times 10^{-3}$ B. $\Delta\rho = \rho g \Delta h \left(\rho_a / \rho - 1\right) \times 10^{-3}$

C. $\Delta\rho = \rho g \Delta h \left(1 - \rho_a / \rho\right) \times 10^{-3}$ D. $\Delta\rho = \rho g \Delta h \left(1 - \rho / \rho_a\right) \times 10^{-3}$

（75）依据 JJG 158—2013《补偿式微压计》，已知检定环境下空气密度 ρ_a =1.2kg/m³；纯水密度 ρ =998.2kg/m³；重力加速度 g=9.7944m/s²，当压力值为 200Pa 时补偿式微压计上的标尺刻度值为（B）。

A. 20.52mm B. 20.48mm C. 20.68mm D. 20.72mm

（76）依据 JJG 1073—2011《压力式六氟化硫气体密度控制器》，压力式六氟化硫气体密度控制器的示值检定，其检定点应（B）选择。

A. 不少于 5 点 B. 按标有数字的分度线（除零点）

C. 不少于 5 点（除零点）　　　　　　D. 报警点和闭锁点

（77）依据 JJG 1073—2011《压力式六氟化硫气体密度控制器》，压力式六氟化硫气体密度控制器的示值应按分度值的（C）估读。

A. 1/2　　　　　　B. 1/3　　　　　　C. 1/5　　　　　　D. 1/10

（78）依据 JJG 1073—2011《压力式六氟化硫气体密度控制器》，密封性检查，应用灵敏度不低于（A）的 SF_6 气体检漏仪检漏。

A. 10^{-8}　　　　B. 10^{-7}　　　　C. 10^{-9}　　　　D. 10^{-6}

（79）依据 JJG 1073—2011《压力式六氟化硫气体密度控制器》，压力式六氟化硫气体密度控制器示值检定时，在轻敲表壳后，其指针示值变动量不得超过最大允许误差（B）。

A. 绝对值　　　　B. 绝对值的 1/2　　C. 绝对值的 1/3　　D. 绝对值的 1/4

（80）依据 JJG 1073—2011《压力式六氟化硫气体密度控制器》，检定一个量程范围为 –0.1~0.9MPa 的压力式六氟化硫气体密度控制器，准确度等级为 1.6 级，它的最大允许误差为（B）。

A. ±0.0144MPa　　B. ±0.016MPa　　C. ±0.0128MPa　　D. ±0.015MPa

（81）依据 JJG 1073—2011《压力式六氟化硫气体密度控制器》，压力式六氟化硫气体密度控制器的温度补偿误差检定，在额定压力下，当环境温度为 22℃ 时，其示值变化量应符合（A）的要求。

A. $\Delta_1 = \pm(\delta + K_1\Delta t)$　　　　　　B. $\Delta_2 = \pm(\Delta_{-20} + K_2\Delta t)$

C. $\Delta_1 = \pm(\Delta_{20} + K_1\Delta t)$　　　　　　D. $\Delta_1 = \pm(\Delta_{20} + K_1\Delta t)$

（82）依据 JJG 1073—2011《压力式六氟化硫气体密度控制器》，压力式六氟化硫气体密度控制器的触点接通后其直流电阻应不大于（A）

A. 1Ω　　　　　B. 10Ω　　　　C. 100Ω　　　　D. $1k\Omega$

（83）依据 JJG 1073—2011《压力式六氟化硫气体密度控制器》，一个 1.0 级的压力式六氟化硫气体密度控制器，测量范围为 0~1MPa，设定点为 0.45MPa，当设定点动作时分别读取上下行程标准器的值分别为 0.4617MPa 和 0.4509MPa，则其设定点切换差为（D）。

A. 0.0117MPa　　B. 0.0009MPa　　C. –0.0108MPa　　D. 0.0108MPa

（84）依据 JJG 49—2013《弹性元件式精密压力表和真空表》，弹性元件式精密压力表允许在（B）℃下使用，其指示值误差按公式计算。

A. -40~60   B. 5~40   C. 20±5   D. 20±10

（85）依据 JJG 49—2013《弹性元件式精密压力表和真空表》，有调零装置的弹性元件式精密压力表，在（C）允许调整零位。

A. 第一次检定后   B. 两次检定后   C. 示值检定前   D. 示值检定中

（86）依据 JJG 49—2013《弹性元件式精密压力表和真空表》，对于 0.25 级的弹性元件式精密压力表，示值误差应连续进行（B）检定。

A. 一次   B. 两次   C. 三次   D. 四次

（87）依据 JJG 49—2013《弹性元件式精密压力表和真空表》，一个 0.25 级的弹性元件式精密压力真空表，测量范围为 -0.1~0.4MPa，则其真空部分的最大允许误差为（D）。

A. 0.0014MPa   B. 0.0004MPa   C. 0.00025MPa   D. 0.0005MPa

（88）JJG 49—2013《弹性元件式精密压力表和真空表》中规定，弹性元件式精密压力表的（C）应不大于最大允许误差的绝对值。

A. 零位误差   B. 示值误差   C. 回程误差   D. 轻敲位移

（89）依据 JJG 49—2013《弹性元件式精密压力表和真空表》，300 分格精密压力表任意两个相邻检定点的间隔值，其中最大值与最小值之差应不大于两检定点间隔标称值的（D）。

A. 1/2   B. 1/3   C. 1/5   D. 1/10

（90）依据 JJG 52—2013《弹性元件式一般压力表、压力真空表及真空表》，弹性元件式一般压力表，是利用传动机构带动指针转动指示被测压力，指针可以旋转的角度一般是（C）。

A. 90°   B. 180°   C. 270°   D. 360°

（91）依据 JJG 52—2013《弹性元件式一般压力表、压力真空表及真空表》，有一个测量范围为 -0.1~0.9MPa 的 4.0 级的一般压力表，其最大允许误差为（C）。

A. ±0.032MPa   B. ±0.036MPa   C. ±0.040MPa   D. ±0.044MPa

（92）依据 JJG 52—2013《弹性元件式一般压力表、压力真空表及真空表》，弹性元件式一般压力表，检定周期一般不超过（A）。

    A. 半年   B. 一年   C. 两年   D. 三年

（93）依据 JJG 52—2013《弹性元件式一般压力表、压力真空表及真空表》，压力测量上限为 0.15MPa 的真空表真空部分检定点为（B）。

    A. 一个点   B. 两个点   C. 三个点   D. 四个点

（94）依据 JJG 52—2013《弹性元件式一般压力表、压力真空表及真空表》，弹性元件式一般压力表的零位误差应在（C）检定。

    A. 检定前   B. 检定后   C. 检定前后   D. 不用检

（95）依据 JJG 52—2013《弹性元件式一般压力表、压力真空表及真空表》，检定弹性元件式一般压力表，在轻敲表壳后，其指针示值变动量不得超过允许误差的（B）。

    A. 绝对值   B. 绝对值的 1/2   C. 1/2   D. 1.5 倍

（96）依据 JJG 52—2013《弹性元件式一般压力表、压力真空表及真空表》，弹性元件式一般压力表指针指示端的宽度应不大于（D）。

    A. 最大允许误差的绝对值   B. 最大允许误差的绝对值 1/2

    C. 分度线的宽度的 1/2   D. 分度线的宽度

（97）依据 JJG 52—2013《弹性元件式一般压力表、压力真空表及真空表》，若有一个测量范围为 0~16MPa 的 1.5 级的一般压力表，其测量上限的 90%~100% 的最大允许误差为（C）。

    A. ± 0.256MPa   B. ± 0.24MPa   C. ± 0.40MPa   D. ± 0.44MPa

（98）依据 JJG 882—2019《压力变送器》，首次检定和后续检定中回程误差说法正确的是（D）。

    A. 首次检定和后续检定中回程误差按照输出量程的百分数考核

    B. 首次检定和后续检定中回程误差按照输入量程的百分数考核

    C. 首次检定中回程误差按照输入量程的百分数考核

    D. 后续检定中回程误差按照输出量程的百分数考核

（99）依据 JJG 882—2019《压力变送器》，检定一台测量范围为 80~110kPa 的绝对压力变送器（输出信号为 4~20mA），在 90kPa 压力点输出的理论电信号值是（ A ）。

    A. 9.333mA   B. 14.667mA   C. 9.333mA   D. 17.091mA

（100）依据 JJG 882—2019《压力变送器》，绝对压力变送器输出压力为 80kPa 时，当地大气压力为 96.55kPa，则疏空应为（ C ）。

    A. –20kPa   B. –80kPa   C. –16.55kPa   D. –13.55kPa

（101）依据 JJG 882—2019《压力变送器》，检定一台 0.5 级 0~2.5MPa 的压力变送器，其输出电信号为 4~20mA，以下说法正确的有（ B ）。

    A. 最大允许误差为 ±0.0125MPa   B. 最大允许误差为 ±0.080mA

    C. 回程误差允许值为 0.0125MPa   D. 回程误差允许值为 0.080mA

（102）一台 0~100kPa 的绝对压力变送器，检定前调整零点压力应至少在（ A ）范围内。

    A. 5~10kPa   B. 0~5kPa   C. 5~20kPa   D. 0~10kPa。

（103）依据 JJG 882—2019《压力变送器》，压力变送器检定前除制造厂有要求外，一般需要通电预热（ A ）以上。

    A. 5min   B. 10min   C. 15min   D. 20min

（104）依据 JJG 882—2019《压力变送器》，0.5 级压力变送器的一般情况下检定循环次数是（ A ）。

    A. 一次   B. 两次   C. 三次   D. 视情况定

（105）依据 JJG 882—2019《压力变送器》，为达到热平衡，检定设备和 0.5 级的压力变送器必须在检定条件下放置至少（ D ）。

    A. 30min   B. 1h   C. 1h30min   D. 2h

（106）依据 JJG 882—2019《压力变送器》，压力变送器密封性检查，应在最后（ B ）内通过压力表观察其压力下降或上升值。

    A. 2min   B. 5min   C. 10min   D. 15min

3. 多项选择题

（1）用于差压测量的数字压力计压力输入端口处的标志可以是（ ABCD ）。

    A. 高、低   B. +、–   C. H、L   D. 正、负

（2）以下对压力控制器描述正确的有（ABCD）。

A. 压力控制器可实现对介质压力信号的检测、显示

B. 压力控制器可实现对介质压力信号的报警和控制信号输出，确保系统正常运行

C. 压力控制器开关元件有磁性开关、水银开关、微动开关等

D. 压力控制器的设定点即希望发生控制或报警的输入压力值

（3）压力控制器是工业过程测量与控制系统中控制压力的一种专用仪表。其工作原理是当输入压力达到设定值时即可进行（AB）。

A. 报警　　　　　B. 控制　　　　　C. 检测　　　　　D. 显示

（4）检定压力控制器的标准器一般可选用（BCD）等。

A. 活塞式压力计　B. 液体压力计　　C. 数字压力计　　D. 精密压力表

（5）压力控制器按感压元件的类型可分为（ABCD）等。

A. 膜片式　　　　B. 膜盒式　　　　C. 波纹管式　　　D. 活塞式

（6）压力控制器检定用工作介质可以是（ABCD）。

A. 空气　　　　　B. 氮气　　　　　C. 变压器油　　　D. 滑油

（7）弹性元件式精密压力表使用的法定计量单位为（ABD）。

A. MPa　　　　　B. kPa　　　　　C. kgf/cm^2　　　D. Pa

（8）弹性元件式精密压力表的指针偏转平稳性要求，在测量范围内，指针偏转应（BCD）。

A. 卡针现象　　　B. 平稳　　　　　C. 无跳动　　　　D. 无卡针

（9）对于弹性元件式精密压力表检定结果的处理以下说法正确的是（ACD）。

A. 检定低于原准确度等级的，允许降级

B. 检定高于原准确度等级的，允许升级

C. 检定合格的出具检定证书

D. 检定不合格的出具检定结果通知书，并注明不合格项

（10）弹簧管压力表的传动机构，装有螺旋形游丝，其作用是（CD）。

A. 拉紧弹簧管　　　　　　　　　　　　B. 控制指针转动

C. 消除扇形齿轮和中心齿轮间的啮合间隙　　D. 减小回程误差

（11）弹性元件式一般压力表，选择弹性元件材料时，应从以下哪几方面考虑?
（ABCD）

    A. 灵敏度   B. 弹性后效   C. 弹性滞后   D. 残余变形

（12）弹簧管式压力表所用的弹簧管的截面有各种形式，但是通常用的是
（BC）的。

    A. 圆形   B. 椭圆形   C. 扁圆形   D. 矩形

（13）常用的测压弹性元件有（ABCD）。

    A. 膜片   B. 弹簧管   C. 膜盒   D. 波纹管

（14）检定一般压力表时，在某一检定点上被检表的示值与其实际值之差称为
该检定点的（AC）。

    A. 绝对误差   B. 修正值   C. 示值误差   D. 引用误差

（15）电动压力变送器标准化输出信号主要有（BCD）。

    A. 4~10mA   B. 4~20mA   C. 0~10mA   D. 1~5V

（16）数字压力计是采用数字显示被测压力量值的压力计，可用于测量
（ABCD）。

    A. 表压   B. 差压   C. 绝压   D. 负压

（17）在数字压力计检定过程中，常用的密封垫材质有（ABCD）。

    A. 金属   B. 橡胶   C. 聚四氟乙烯   D. 牛皮

（18）依据JJG 875—2019《数字压力计》，数字压力计检定时环境条件要求，
以下正确的是（BCD）。

    A. 0.02 级以上的数字压力计检定环境温度要求为（20±1）℃

    B. 0.05 级以上的数字压力计检定环境温度要求为（20±1）℃

    C. 0.05 级的数字压力计检定环境温度要求为（20±2）℃

    D. 0.05 级以下的数字压力计检定环境温度要求为（20±5）℃

（19）依据JJG 544—2011《压力控制器》，压力控制器绝缘电阻应在下列
（ABC）进行测量。

    A. 各接线端子与外壳之间

    B. 互不相连的接线端子之间

C. 触头断开时，接线触头的两接线端子之间

D. 各接线端子之间

（20）依据 JJG 544—2011《压力控制器》，以下属于压力控制器检定规程中明确的准确等级是（ABD）。

A. 1.0 级   B. 1.5 级   C. 1.6 级   D. 4.0 级

（21）依据 JJG 544—2011《压力控制器》，压力控制器检定的环境条件是（BCD）。

A. 检定用的工作介质应是无毒无害的气体或者液体

B. 检定时的环境温度要求为（20±5）℃

C. 检定时环境的相对湿度要求是 45%~75%

D. 检定时无影响计量性能的机械振动

（22）依据 JJG 158—2013《补偿式微压计》，补偿式微压计在后续检定中检定项目有（ABD）。

A. 外观   B. 密封性   C. 耐压强度   D. 示值误差

（23）依据 JJG 158—2013《补偿式微压计》，补偿式微压计外观检查以下说法正确的是（ABCD）。

A. 微压计应有铭牌，且标识应齐全

B. 微压计的连接胶管应连接牢固，不应有老化、破损现象

C. 平面镜应清晰，且能保证准确度数，小容器中度数尖头不应有毛刺及黏滞现象

D. 微压计应有水平指示装置和水平调整装置，装置可靠完好。

（24）依据 JJG 158—2013《补偿式微压计》，补偿式微压计可测量的压力类型有（BCD）。

A. 绝压   B. 正压   C. 负压   D. 差压

（25）依据 JJG 158—2013《补偿式微压计》，测量范围为 –2.5~2.5kPa 的二等补偿式微压计的最大允许误差说法正确的是（ABC）。

A. –1.5kPa ≤测量值≤ 1.5kPa ； ±0.8Pa

B. –2.5kPa ≤测量值< –1.5kPa ； ±1.3Pa

C. 1.5kPa ＜测量值≤ 2.5kPa ； ±1.3Pa

D. −2.5kPa ＜测量值≤ 2.5kPa ； ±1.3Pa

（26）依据 JJG 158—2013《补偿式微压计》，补偿式微压计检定时，计算检定点对应的压力示值误差 $\Delta\rho$ 时，需已知标准器与微压计读数之差 Δh 和检定环境下的（ABCD）。

A. 纯水密度 　　　 B. 空气密度 　　　 C. 重力加速度 　　　 D. 大气压值

（27）依据 JJG 158—2013《补偿式微压计》，检定补偿式微压计所需的配套设备有（ABCD）。

A. 压力计 　　　 B. 温度计 　　　 C. 大气压力表 　　　 D. 秒表

（28）依据 JJG 158—2013《补偿式微压计》，补偿式微压计零位对准误差以下说法正确的是（ABD）。

A. 零位对准误差检定前需在检定环境下静置 2h

B. 零位对准误差需连续检定 3 次，其中最大偏差值对应的压力值为零位对准误差

C. 一等微压计零位对准误差最大允许值为 ±0.2Pa

D. 后续检定及使用中检查都需对零位对准误差进行检定

（29）依据 JJG 158—2013《补偿式微压计》，一等补偿式微压计作为标准器，评定二等补偿式微压计示值误差的测量不确定度，其来源主要有（ABCD）。

A. 一等标准补偿式微压计的误差 　　　 B. 工作介质密度的影响

C. 重力加速度的影响 　　　 D. 二等补偿式微压计示值重复性

（30）依据 JJG 1073—2011《压力式六氟化硫气体密度控制器》，检定压力式六氟化硫气体密度控制器的工作介质可选取（ABD）。

A. 清洁干燥的空气　 B. 氮气 　　　 C. 氦气 　　　 D. SF$_6$ 气体

（31）依据 JJG 1073—2011《压力式六氟化硫气体密度控制器》，现场校验六氟化硫气体密度控制器时，下列说法正确的为（ABCD）。

A. 相应的电气设备必须停止运行，并切断与密度控制器相连的控制电源

B. 密度控制器和电气本体之间有隔离阀门且带有校验接口的设备，可关闭阀门在校验口处连接标准器进行校验

C. 校验仪的测温探头应尽可能靠近密度控制器，并与密度控制器一起进行温度平衡

D. 进行零位和计量性能校验时，密度控制器应保持直立或正常工作状态

（32）依据 JJG 1073—2011《压力式六氟化硫气体密度控制器》，压力式六氟化硫气体密度控制器在使用中检查的项目有（BCD）。

　　A. 示值误差　　　　B. 外观　　　　　C. 设定点偏差　　　D. 额定压力值误差

（33）依据 JJG 1073—2011《压力式六氟化硫气体密度控制器》，压力式六氟化硫气体密度控制器按准确度等级可分为（ACD）。

　　A. 1.0 级　　　　　B. 1.5 级　　　　　C. 1.6 级　　　　　D. 2.5 级

（34）依据 JJG 1073—2011《压力式六氟化硫气体密度控制器》，压力式六氟化硫气体密度控制器可测量以下（ABCD）压力。

　　A. 绝对压力型　　B. 相对压力型　　C. 相对混合压力型　D. 绝对混合压力型

（35）依据 JJG 1073—2011《压力式六氟化硫气体密度控制器》，压力式六氟化硫气体密度控制器外观检查以下说法正确的是（ABCD）。

　　A. 仪表应装配牢固、无松动现象；螺纹接头应无毛刺和损伤

　　B. 充装硅油的仪表在垂直放置时，液面应位于仪表分度盘高度的 70%~75% 之间且无漏油现象

　　C. 报警值、闭锁值在仪表分度盘上应有明显不同的颜色，以便区分

　　D. 仪表上应有制造厂名称、型号、编号、测量范围、准确度等级、额定压力值、报警值、闭锁值等标识

（36）依据 JJG 1073—2011《压力式六氟化硫气体密度控制器》，一个 1.6 级的压力式六氟化硫气体密度控制器，测量范围为 0~1MPa，设定点为 0.55MPa，则其设定点切换差的允许值为（AC）。

　　A. ≤ 3.0%FS　　B. ≤ 0.016MPa　　C. ≤ 0.030MPa　　D. ≤ 1.6MPa FS

（37）依据 JJG 1073—2011《压力式六氟化硫气体密度控制器》，一个 1.0 级的压力式六氟化硫气体密度控制器，测量范围为 0~1MPa，设定点为 0.55MPa，则其升压和降压设定点偏差的允许值分别为（CD）MPa。

　　A. ±0.010，±0.010　　　　　　　　B. ±1.0FS，±1.0FS

C. ± 0.016， ± 0.010　　　　　　　　　D. ± 1.6FS， ± 1.0FS

（38）依据 JJG 49—2013《弹性元件式精密压力表和真空表》，检定一块 0.4 级，量程为 0~2.5MPa 的精密压力表，选用的压力标准器可以是（ACD）。

A. 0.1 级，量程为 0~2.5MPa 的精密压力表

B. 0.05 级，量程为 0~6MPa 的数字压力计

C. 0.05 级，量程为 0.1~6MPa 的活塞式压力计

D. 0.02 级，量程为 0~6MPa 的数字压力计

（39）依据 JJG 49—2013《弹性元件式精密压力表和真空表》，弹性元件式精密压力表检定环境温度要求为（20±2）℃的有以下哪几个级别？（ABC）。

A. 0.1 级　　　　B. 0.16 级　　　　C. 0.25 级　　　　D. 0.6 级

（40）依据 JJG 49—2013《弹性元件式精密压力表和真空表》，以下（ABCD）是弹性元件式精密压力表后续检定时的项目。

A. 零位误差　　　B. 示值误差　　　C. 回程误差　　　D. 轻敲位移

（41）依据 JJG 49—2013《弹性元件式精密压力表和真空表》，选用液体介质检定弹性元件式精密压力表时，以下说法正确的是（ABD）。

A. 检定时应排除压力回路中的气体

B. 应使精密压力表和标准器工作位置处于同一水平面上

C. 修正工作介质液柱高度差产生的压力时，精密压力表的工作位置在压力端口处

D. 若用活塞式压力计作为标准器，可用加减小砝码的方法进行液柱高度差修正

（42）依据 JJG 52—2013《弹性元件式一般压力表、压力真空表及真空表》，压力表一般分度值为（ABD），式中，n 为正整数、负整数或零。

A. $1 \times 10n$　　B. $2 \times 10n$　　C. $2.5 \times 10n$　　D. $5 \times 10n$

（43）依据 JJG 52—2013《弹性元件式一般压力表、压力真空表及真空表》，一个 1.5 级的测量范围为 –0.1~0.25MPa 的真空压力表，以下说法正确的是（BD）。

A. 其真空部分 –0.1~0MPa 的允许误差为 ± 0.0015MPa

B. 其真空部分 –0.1~0MPa 的允许误差为 ± 0.0056MPa

C. 其正表压部分 0~0.25MPa 的允许误差为 ± 0.00125MPa

D. 其测量上限的 90%~100% 的部分允许误差为 ± 0.00875MPa

（44）依据 JJG 52—2013《弹性元件式一般压力表、压力真空表及真空表》，检定一块 1.5 级，测量范围为 0~2.5MPa 的一般压力表，选用的压力标准器可以是（ACD）。

A. 0.4 级，测量范围为 0~2.5MPa 的精密压力表

B. 0.05 级，测量范围为 0~6MPa 的数字压力表

C. 0.05 级，测量范围为 0.1~6MPa 的活塞式压力计

D. 0.25 级，测量范围为 0~4MPa 的精密压力表

（45）依据 JJG 882—2019《压力变送器》，压力变送器检定时检定点的选择说法正确的是（AD）。

A. 应按量程基本均匀分布，一般应包括上限值、下限值（或其附近 10% 输入量程以内）

B. 0.1 级及以下的压力变送器选择不少于 5 个点

C. 0.1 级应选择至少 5 个检定点

D. 0.1 级及以上的压力变送器选择不少于 9 个点

（46）依据 JJG 882—2019《压力变送器》，压力变送器可用来测量（ABCD）的压力。

A. 表压　　　　　B. 负压　　　　　C. 差压　　　　　D. 绝压

（47）依据 JJG 882—2019《压力变送器》，压力变送器按感压原理可分（ACD）。

A. 电容式　　　B. 电阻式　　　C. 谐振式　　　D. 力矩平衡式

（48）依据 JJG 882—2019《压力变送器》，0~1.6MPa 的压力变送器，在示值误差检定时，压力标准器输出压力为 1.2MPa，变送器输出值测得为 15.979mA，对于该压力变送器以下说法正确的是（ABD）。

A. 绝对误差为 0.021mA　　　　　B. 引用误差为 0.13%

C. 修正值为 0.021mA　　　　　　D. 相对误差为 0.13%

（49）依据 JJG 882—2019《压力变送器》，0~2MPa 的压力变送器，在示值误差检定时，压力标准器输出压力为 1.2MPa，变送器输出测得值为 13.568mA，则该压力变送器在该点示值误差满足（CD）压力变送器的要求。

A. 0.05 级　　　　B. 0.1 级　　　　C. 0.2 级　　　　D. 0.5 级

（50）依据 JJG 882—2019《压力变送器》，以下差压变送器说法正确的有（ABC）。

A. 差压变送器高低压容室应有高、低或 H、L 标记

B. 静压影响只适用于差压变送器的检定

C. 差压变送器常用于流量测量

D. 差压变送器检定可根据使用情况仅对高低压容室的压差进行检定

（51）依据 JJG 882—2019《压力变送器》，检定压力变送器传压介质为液体时，以下说法正确的是（BD）。

A. 该压力变送器的测量上限应大于 6MPa

B. 压力变送器的取压口应与标准器的工作位置在同一平面

C. 压力变送器的取压口应与标准器的工作位置不在同一平面，可忽略

D. 压力变送器的取压口与标准器的工作位置高度差引入的压力应小于被检压力变送器最大允许误差绝对值对应压力的 1/10，否则需进行修正

（52）依据 JJG 875—2019《数字压力计》，检定一台 0.05 级，测量范围为 0~2.5MPa 的数字压力计，选用的压力标准器可以是（CD）。

A. 0.01 级，测量范围为 0~4MPa 的数字压力计

B. 0.02 级，测量范围为 0~2.5MPa 的数字压力计

C. 0.02 级，测量范围为 0.1~6MPa 的活塞式压力计

D. 0.02 级，测量范围为 –0.1~2.5MPa 的气体活塞式压力计

（53）依据 JJG 875—2019《数字压力计》，数字压力计检定点的选取，以下说法正确的是（BD）。

A. 0.05 级以上应不少于 10 点（含零点）

B. 0.05 级及以上应不少于 10 点（含零点）

C. 0.1 级以下检定点不少于 5 点（含零点）

D. 0.1 级及以下检定点不少于 5 点（含零点）

（54）依据 JJG 875—2019《数字压力计》，数字压力计按照结构可分为（AB）。

A. 整体型　　　　B. 分离型　　　　C. 直接读取型　　　　D. 存储回放型

4. 综合应用题

（1）压力表在投入使用前应做好哪些工作？

答：应做好如下工作：

1）检查一、二次门，管路及接头处应连接正确牢固；二次门、排污门应关闭，接头锁母不渗漏，操作手轮和紧固螺钉与垫圈齐全完好；

2）压力表及固定卡子应牢固；

3）电接点压力表应检查和调整信号装置部分。

（2）调整差压变送器时，零点和量程会不会互相影响？

答：调整量程时，因为改变了力平衡关系，所以影响零位。调整零位时，虽然也会引起膜盒、密封膜片、拉条等弹性元件的位置变化，因而产生附加力，但是很微小，所以一般不影响量程。

（3）怎样对微压变送器进行维护？

答：对微压变送器要求每个月检验一次，并且每周检查一次，主要是清除仪器内的灰尘，对电器元件认真检查，对输出的电流值要经常校对，微压变送器内部是弱电，一定要同外界强电隔开。

（4）压力变送器的测量范围原为 0~100kPa，现零位迁移 100%。则仪表的测量范围和仪表的量程变为多少？输入多少压力时，仪表的输出为 4、12、20mA？

解：仪表的原测量范围为 0~100kPa，现零位正迁了 100%，所以测量范围成了 100~200kPa；仪表的量程是 200–100=100（kPa）。

当输入为 100kPa 时，仪表的输出为 4mA；输入为 150kPa 时，仪表的输出为 12mA；输入为 200kPa 时，仪表的输出为 20mA。

（5）现场有一压力信号，其变化范围为：200~3000Pa，经压力传感器将其变换成一个电流信号，相应变化范围为 4~20mA，连接到 S7-300PLC 的模拟量输入模块通道。对应模块模数转换值为 0~27648，则其电流及压力的分辨率是多少？模拟量寄存器中的值为 20000 时，现场的实际压力为多少？

解：电流的分辨率为（20–4）/27648=0.00058（mA）

压力的分辨率为（3000–200）/27648=0.101（Pa）

现场的实际压力为 20000×（3000–200）/27648+200=2225（Pa）

（6）简述弹性元件式精密压力表的工作原理。

答：利用弹性敏感元件在压力作用下产生弹性形变，其形变量的大小与作用的压力成一定的线性关系，通过传动机构放大，由指针在分度盘上指示出被测得压力。

（7）简述弹性元件式压力表为什么要在上限耐压，耐压的时间是多少？

答：弹簧管式压力表的准确度等级，主要取决于弹簧管的灵敏度、弹性后效、弹性滞后和残余变形的大小。而这些弹性元件的主要特性，除灵敏度以外，其他的只有在其极限工作压力下工作一段时间，才能最充分地显示出来。同时，也是借此检验弹簧管的渗漏情况。

检定时，加压至测量上限，切断压力源（真空源），耐压 3min 后，再依次逐点进行降压检定直至零位。

（8）简述压力式六氟化硫气体密度控制器的工作原理和双金属元件的温度补偿原理。

答：仪表的工作原理和基本结构是在电接点压力表的基础上增加了温度补偿功能，其工作原理为内部弹簧管在压力作用下产生弹性变形，引起管端位移，通过传动机构进行放大，经温度补偿后，传递给指示装置，由指针在分度盘上指示出被测压力量值。当压力下降至报警压力或闭锁压力时，仪表通过接点的通断发出报警或闭锁信号；带有超压报警功能的仪表，当压力超过超压报警压力时，仪表通过接点的通断发出报警或控制信号。

双金属元件的温度补偿原理：高压设备中的 SF_6 气体的密度是通过对其压力的测量而得出，由于设备对外是密封的，所以设备内 SF_6 气体体积是固定不变的。当设备内的温度发生变化时，由理想气体状态方程可知，SF_6 气体的压力也会随之发生变化，因此必须对这种变化进行补偿，才能保证对其密度测量的准确性。

（9）简述压力式六氟化硫气体密度控制器设定点偏差的检定方法。

答：1）设定点的选取：选取报警点和闭锁点为设定点，带有超压报警功能的仪表还应增加超压报警点作为设定点。

2）上、下切换值的确定：均匀缓慢地升压或降压，当指示指针接近设定值时升压或降压的速度应不大于 0.001MPa/s，当电接点动作并有输出时，停止加减压力并在标准器上读取压力值，此值为上切换值或下切换值。

3）上切换值与设定点压力值的差值为升压设定点偏差，下切换值与设定点压力值的差值为降压设定点偏差。

（10）简述检定压力变送器时的调整在何时进行，如何进行调整，具有现场总线的压力变送器的调整要求是什么？

答： 检定压力变送器时的调整在检定前进行。检定前预热后，用改变压力变送器输入压力的方法对输出下限值和上限值进行调整，使其与理论的下限值和上限值相一致。具有现场总线的压力变送器，必须分别调整输入部分和输出部分的上限值和下限值，同时将压力变送器的阻尼值调整为零。

绝对压力变送器的零点绝对压力应尽可能小，由此引起的误差应不超过允许误差的 1/10~1/20。

（11）依据 JJG 1073—2011《压力式六氟化硫气体密度控制器》，压力式六氟化硫气体密度控制器后续检定项目有哪些？检定时所需的标准器及配套设备有哪些？

答： 后续检定项目：①外观；②示值误差；③回程误差；④额定压力值误差；⑤指针偏转平稳性；⑥设定点偏差；⑦切换差；⑧绝缘电阻。

检定时所需的标准器及配套设备：①数字式压力校验仪；②接点信号发信设备；③额定电压为 500V，准确度等级 10 级的绝缘电阻表。

（12）依据 JJG 49—2013《弹性元件式精密压力表和真空表》，有一块测量范围为 0~10MPa，准确度等级为 0.25 级，分度值为 0.02MPa 的精密压力表，检定数据见下表，计算其示值误差和回程误差，并判断示值误差和回程误差是否合格。

单位：MPa

标准仪器的压力示值		0	2	3	4	5	6	7	8	9	10
轻敲后被检仪表示值	升压	0.000	2.002	3.004	4.006	5.006	6.008	7.010	8.012	9.014	10.016
	降压	0.002	2.004	3.006	4.008	5.008	6.010	7.012	8.014	9.016	10.016
	升压	0.002	2.004	3.004	4.006	5.008	6.008	7.010	8.014	9.016	10.020
	降压	0.004	2.006	3.006	4.008	5.010	6.012	7.014	8.016	9.018	10.020
平均值		—	—	—	—	—	—	—	—	—	—
示值误差		—	—	—	—	—	—	—	—	—	—
回程误差		—	—	—	—	—	—	—	—	—	—

解：精密压力表的最大允许误差＝±（精密压力表量程 × 准确度等级 /100）。

单位：MPa

标准仪器的压力示值		0	2	3	4	5	6	7	8	9	10
轻敲后被检仪表示值	升压	0.000	2.002	3.004	4.006	5.006	6.008	7.010	8.012	9.014	10.016
	降压	0.002	2.004	3.006	4.008	5.008	6.010	7.012	8.014	9.016	10.016
	升压	0.002	2.004	3.004	4.006	5.008	6.008	7.010	8.014	9.016	10.020
	降压	0.004	2.006	3.006	4.008	5.010	6.012	7.014	8.016	9.018	10.020
平均值		0.002	2.004	3.004	4.008	5.008	6.010	7.012	8.014	9.016	10.018
示值误差		0.004	0.006	0.006	0.008	0.010	0.012	0.014	0.016	0.018	0.020
回程误差		0.002	0.002	0.002	0.002	0.002	0.004	0.004	0.002	0.002	0.000

所以该精密压力表的最大允许误差为

$$\pm (10 \times 0.25/100)= \pm 0.025（MPa）$$

回程允许误差为

$$10 \times 0.25/100=0.025（MPa）$$

该精密压力表的示值误差和回程误差均在要求范围内，则该表示值误差和回程误差是合格的。

（13）依据 JJG 52—2013《弹性元件式一般压力表、压力真空表及真空表》，计算测量范围为 –0.1~1.6MPa、准确度等级为 1.5 级的弹性元件式一般压力表的示值允许误差和回程允许误差。

解：其他部分压力表的示值允许误差＝±（压力表量程 × 准确度等级 /100）

所以该压力表的示值允许误差为

$$\pm (1.7 \times 1.6/100)=0.0272（MPa）$$

回程允许误差为 0.0272MPa。

上限的 90%~100%

$$\pm (1.7 \times 2.5/100)=0.0425（MPa）$$

回程允许误差为 0.0425MPa。

（14）依据 JJG 52—2013《弹性元件式一般压力表、压力真空表及真空表》，用一个 0.4 级 0~16MPa 的弹性元件式精密压力表检定一个 2.5 级 0~10MPa 的弹性元件式一般压力表是否合适？

答：检定一般压力表，作为标准器的精密压力表的量程应大于等于被检压力表的量程，即 ≥ 10MPa，其允许误差的绝对值应不大于被检表允许误差绝对值的 1/4。

被检表允许误差的绝对值为

$$10 \times 2.5/100 = 0.25（MPa）$$

则精密表允许误差的绝对值应 ≤ 0.25/4=0.0625（MPa）。

该精密表允许误差的绝对值为

$$16 \times 0.4/100 = 0.064（MPa）$$

精密表允许误差的绝对值 > 被检表允许误差的绝对值的 1/4，不合适。

（15）依据 JJG 882—2019《压力变送器》，简述表压电动压力变送器后续检定时所需的标准器及配套设备至少需要哪些？其技术要求是什么？

答：向压力变送器输入端提供压力的标准压力装置：活塞式压力计、数字压力计、液体压力计，0.2~0.01 级；

电动压力变送器输出信号的测量标准器：直流电流表、直流电压表和标准电阻；0.01 级 ~0.05 级；

绝缘电阻表：输出电压为直流 500、100V，10 级；

直流稳压电源：24V，允许误差 ±1%。

（16）依据 JJG 882—2019《压力变送器》，检定一台压力变送器（首次检定），测量范围为 0~40MPa，准确度等级为 0.2 级，输出信号为 4~20mA，检定数据见下表，计算其基本误差和回程误差，并判断基本误差和回差是否合格。

被检点	实际输出值（mA）				基本误差	回差
（MPa）	第一次		第二次		（mA）	（mA）
	上行程	下行程	上行程	下行程		
0	4.002	4.014	4011	4.016	—	—
10	8.004	8.025	8.011	8.018	—	—

续表

被检点 （MPa）	实际输出值（mA）				基本误差 （mA）	回差 （mA）
	第一次		第二次			
	上行程	下行程	上行程	下行程		
20	12.006	12.028	12.016	12.022	—	—
30	16.000	16.027	16.015	16.025	—	—
40	20.002	20.005	20.006	20.008	—	—

解：

被检点 （MPa）	实际输出值（mA）				基本误差 （mA）	回差 （mA）
	第一次		第二次			
	上行程	下行程	上行程	下行程		
0	4.002	4.014	4011	4.016	0.016	0.012
10	8.004	8.025	8.011	8.018	0.025	0.011
20	12.006	12.028	12.016	12.022	0.028	0.022
30	16.000	16.027	16.015	16.025	0.027	0.027
40	20.002	20.005	20.006	20.008	0.008	0.003

基本误差允许值：$\pm 16 \times 0.2\% = \pm 0.032$（mA），合格；

回程误差允许值：$16 \times 0.2\% \times 0.8 = 0.026$（mA），不合格。

（17）依据 JJG 882—2019《压力变送器》，一台测量范围为 0~2.5MPa 的压力变送器，准确的等级为 0.5 级，输出电信号为 4~20mA。选择的标准器为 0~6MPa 的 0.05 级的数字压力计（年稳定性合格）；数字电流表 ±30mA，其准确度等级为 ±（0.02% 读数 +0.003% 量程），量程按照 30mA 计算，根据选用的标准仪器，计算整套检定设备在检定时引入的扩展不确定度，并判断标准器的选择是否合适。

解： 1）压力标准器检定时引入的测量不确定度：按照最大允许误差来计算，均匀分布，$k=\sqrt{3}$。

$$u_1 = 6 \times 0.05\% / \sqrt{3} = 0.001732 \text{（MPa）}$$

灵敏系数 c_1=− 压力变送器输出量程 / 压力变送器的输入量程 =−16/2.5= −6.4（mA/MPa）

2）电量标准器检定时引入的测量不确定度分量：按照各压力点对应输出的电信号的最大允许误差来计算，均匀分布，$k=\sqrt{3}$。

计算输出电信号的下限值的最大允许误差

$$4 \times 0.02\% + 30 \times 0.003\% = 0.0017（mA）$$

计算输出电信号的上限值的最大允许误差

$$20 \times 0.02\% + 30 \times 0.003\% = 0.0049（mA）$$

则电量标准器检定时引入的测量不确定度 u_2 范围为 0.0017~0.0049mA。

灵敏系数 c_2=1。

整套检定设备在检定时引入的合成不确定度 $=\sqrt{u_1^2 \times c_1^2 + u_2^2 \times c_2^2}=\sqrt{0.001732^2 \times}$ $(-6.4)^2+(0.0017\sim0.0049)^2 \times 1^2=0.011214\sim0.012120（mA）$

$k=2$

则 $U=k \times u=2 \times (0.011214\sim0.012120)=0.022429\sim0.024239=0.022\sim0.024（mA）$

被检压力变送器的最大允许误差 $16 \times 0.5\%=0.08（mA）$

$$0.08mA/4=0.02mA < 0.022\sim0.024mA$$

标准器的选择不合适。

（18）依据 JJG 875—2019《数字压力计》简述数字压力计的后续检定项目，并画出检定原理图。

答：后续检定项目：外观、零位漂移、稳定性、静压零位误差（差压式数字压力计）、示值误差、回程误差。

检定原理图：

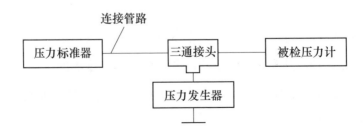

（19）依据 JJG 875—2019《数字压力计》简述数字压力计的周期稳定性的检

定方法是什么？技术指标要求是什么？

答： 周期稳定性仅对 0.05 级及以上的数字压力计进行检定。通电预热后，在大气压力下，压力计（有调零装置的可将初始值调到零），对压力计进行正、反行程一个循环的示值检定，并记录，计算各检定点正、反行程示值误差 Δp_w。该示值误差 Δp_w 与上周期检定证书上相应各检定点正、反行程示值误差 Δp 之差的绝对值为相邻两个检定周期质检的示值稳定性。其不得大于最大允许误差的绝对值。

（20）依据 JJG 544—2011《压力控制器》，检定一台设定点不可调的压力控制器，控压范围为 –0.06~0.88MPa，准确度等级为 1.5 级，设定点为 0.48MPa，检定数据见下表，完善检定记录，并判断该压力控制器是否合格。

单位：MPa

设定点	切换差调节（调至最小、调至最大、不可调）						
0.48	上切换值				下切换值		
第 1 次检定	0.492				0.476		
第 2 次检定	0.497				0.471		
第 3 次检定	0.492				0.467		
平均值	—				—		
设定点偏差	允许值	—	实测值	—	允许值	—	实测值	—
重复性误差	允许值	—	实测值	—	允许值	—	实测值	—
切换差	允许值	—			实测值	—		

答：

单位：MPa

设定点	切换差调节（调至最小、调至最大、不可调）						
0.48	上切换值				下切换值		
第 1 次检定	0.492				0.476		
第 2 次检定	0.497				0.471		
第 3 次检定	0.492				0.467		
平均值	0.494				0.471		
设定点偏差	允许值	± 1.5%	实测值	1.5%	允许值	± 1.5%	实测值	–0.9%
重复性误差	允许值	1.5%	实测值	0.0%	允许值	1.5%	实测值	0.1%
切换差	允许值	0.094			实测值	–0.022		

压力控制器的设定点偏差、重复性误差、切换差均合格，该压力控制器合格。

（21）依据 JJG 544—2011《压力控制器》，计算说明（20）题所述压力控制器检定用的压力标准器该如何选择，至少举例两种标准器进行说明。

答：标准器一般可选用精密压力表或数字压力计。所选择的标准器的最大允许误差的绝对值应小于被检控制器重复性误差允许值的 1/4。

被检控制器重复性误差 =0.0141MPa

被检控制器重复性误差允许值的 1/4=0.003525MPa

压力标准器：

测量范围 0~1MPa，0.05 级年稳定性合格的数字压力计，$1 \times 0.05\%=0.0005$（MPa）；

测量范围 0~1MPa，0.25 级精密压力表，$1 \times 0.25\%=0.0025$（MPa）。

（22）依据 JJG 158—2013《补偿式微压计》简述补偿式微压计的组成？

答：微压计主要是由大容器、小容器、垂直标尺、旋转标尺、读数尖头、平面镜、调零螺母及外壳等构成。

（23）依据 JJG 158—2013《补偿式微压计》简述二等补偿式微压计的检定项目和示值误差的检定方法？

答：二等补偿式微压计的检定项目有：外观、调零装置、密封性、耐压强度、零位对准误差、示指误差、零位回复误差。

微压计示值误差的检定是采用与标准器的示值直接比较的方法进行。

将三通接头的两端用橡胶管分别连接至标准器和微压计正压的接嘴上，同时将三通接头的另一端用橡胶管连接调压器。

检定点不应少于 8 点（不含零点），在标有计量数字的测量上限，并较均匀分布在标尺测量范围内。

检定时，用调压器造压，由零点逐渐加压到各检定点，直至测量上限。在每个检定点，通过调节调压器和微压计的旋转标尺，待压力平衡稳定（读数尖头与其倒影相切）后，分别读取标准器和微压计示值，读数应估读到分度值的 1/10；然后用同样的方法进行降压检定到各检定点，直至回到零点。

（24）依据 JJG 158—2013《补偿式微压计》简述补偿式微压计零点对准误差

的检定方法。

答：1）准备工作：

a.转动旋转标尺，使微压计的垂直标尺和旋转标尺处于零位，旋下微压计顶端密封螺钉，灌入蒸馏水，从平面镜上观察读数尖与液面近似相接，停止加水，然后旋上顶端密封螺钉并旋紧。

b.微压计在环境条件下静置 2h。

c.对微压计的水平进行调整，使水准器气泡处于中心位置。

2）检定步骤：

转动旋转标尺，使微压计的垂直标尺和旋转标尺处于零位，旋转调零螺母，调节小容器，使反射镜中反映出的读数尖头与其倒影相切（尽量接近，但不接触），调整好零点液位，再升降大容器重新对准零位，并读取旋转标尺的示指，如此反复进行 3 次，其最大偏差值对应的压力值即为零位对准误差。

（25）依据 JJG 49—2013《弹性元件式精密压力表和真空表》，通过计算说明，检定一块 0.4 级、0~16MPa 的弹性元件式精密压力表可选择的标准器的最低要求是什么？至少举例两种标准器进行说明。

答：检定精密压力表，作为标准器的压力表的量程应大于等于被检压力表的量程，即 ≥ 16MPa，其允许误差的绝对值应不大于被检表允许误差绝对值的 1/4。

被检压力表允许误差的绝对值为

$$16 \times 0.4/100=0.064（MPa）$$

则标准器允许误差的绝对值应不大于 0.064/4=0.016（MPa）。

标准器允许误差的绝对值应最大为 0.016MPa。

可选用：

0.1 级 0~16MPa 的精密压力表：$16 \times 0.1/100=0.016$（MPa）；

0.05 级 0~16MPa 的年稳定性合格的数字压力计：$16 \times 0.05/100=0.008$（MPa）；

0.05 级 0~20MPa 的年稳定性合格的数字压力计：$20 \times 0.05/100=0.01$（MPa）。

（26）依据 JJG 875—2019《数字压力计》，通过计算说明，能否用 0.05 级、0~60MPa 的活塞式压力计，检定一台测量范围为 0~6MPa、准确度等级为 0.2 级的数字压力计？

答：被检器的最大允许误差绝对值为

$$6 \times 0.2\%=0.012（MPa）$$

$$0.012MPa/3=0.004（MPa）$$

标准器的最大允许误差绝对值为

$$6 \times 0.05\%=0.003（MPa）$$

可以用。

（27）依据 JJG 875—2019《数字压力计》，使用 0.05 级、1~60MPa 的活塞式压力计检定 0.2 级、测量范围为 0~6MPa 的数字压力计时，当数字压力计取压端口高于标准器活塞下端面工作位置 0.01m 时，是否应修正液柱高度所引起的压力值，如何修正？（工作介质密度为 $8.6 \times 10^2 kg/m^3$，西安重力加速度为 $9.7944m/s^2$）

答：当量值的受压点不在同一水平面上时，因工作介质高度差引起的检定附加误差应不大于压力计最大允许误差的 1/10，否则，应进行附加误差修正。

由于液柱高度差所引起的压力修正值，应按下式计算。

$$\Delta p=h\rho g$$

式中：Δp 为压力修正值，Pa；h 为活塞下端面与被检精密压力表指针轴的高度差，m；ρ 为活塞压力计工作介质的密度（变压器油 20℃ 时密度为 $8.6 \times 10^2 kg/m^3$）；g 为当地的重力加速度，取 $9.7944m/s^2$。

则 $\Delta p=0.01 \times 0.86 \times 10^2 \times 9.7944=84.23（Pa）$。

被检密压力表最大允许误差绝对值的 1/10 为

$$6 \times 0.2/100/10=0.00012MPa=120（Pa）$$

由于液柱高度差产生的压力值 84.23Pa，小于被检精密压力表最大允许误差绝对值的 1/10，因此，不用进行液柱高度修正。

（28）依据 JJG 544—2011《压力控制器》，简述压力控制器首次检定项目有哪些？

答：标识、外观、控压范围、设定点偏差、重复性误差、切换差、绝缘电阻、绝缘强度。

（29）依据 JJG 544—2011《压力控制器》，简述压力控制器切换差的检定方法。

答：在压力控制器设定点偏差的检定中，同一设定点上切换值平均值与下切换值平均值的差值为切换差。

对切换差可调的控制器，将切换差调至最小，按设定点偏差的方法进行检定，此时得到最大切换差。

设定点偏差检定是将设定点调至控制器量程下限附近的标度处（若切换差可调，将切换差调至最小），逐渐增加压力，当标准器的指示压力接近设定点时再缓慢地增加输入压力逼近检定点至触电动作，此时在标准器上读出的压力值为上切换值。然后缓慢地减少压力至触电动作，此时在标准器上读出的压力值为下切换值。如此进行三个循环可得上切换值或下切换值的平均值。再将设定点调至控制器量程上限附近的标度处进行同样的检定。

（30）依据 JJG 158—2013《补偿式微压计》，完成下列补偿式微压计检定数据的处理，并判断示值误差是否合格。

标准器示值（检定点，mm）	被检器示读数（mm）		被检器示值误差（mm）	
	上行程	下行程	上行程	下行程
0	0.000	0.002	—	—
15	15.011	15.002	—	—
30	30.009	30.003	—	—
45	45.004	45.008	—	—
60	60.010	60.011	—	—
75	75.013	75.012	—	—
90	90.017	90.017	—	—
105	105.019	105.016	—	—
120	120.022	120.023	—	—
135	135.024	135.025	—	—
150	150.030	150.030	—	—
检定温度下纯水密度 ρ（kg/m³）	998.34		示值误差最大值（mm）	—
大气压力 p_0（Pa）	95810.8		示值误差最大值（Pa）	—
使用环境下空气密度 ρ'（kg/m³）	$1.1851 \times 10^{-5} \times p_0 = 1.1354538$			
重力加速度 g（m/s²）	9.7944			

答：

标准器示值 （检定点，mm）	被检器示读数（mm）		被检器示值误差（mm）	
	上行程	下行程	上行程	下行程
0	0.000	0.002	0.000	0.002
15	15.011	15.002	0.011	0.002
30	30.009	30.003	0.009	0.003
45	45.004	45.008	0.004	0.008
60	60.010	60.011	0.010	0.011
75	75.013	75.012	0.013	0.012
90	90.017	90.017	0.017	0.017
105	105.019	105.016	0.019	0.016
120	120.022	120.023	0.022	0.023
135	135.024	135.025	0.024	0.025
150	150.030	150.030	0.030	0.030
检定温度下纯水密度 ρ（kg/m³）	998.34		示值误差最大值 （mm）	0.030
大气压力 p_0（Pa）	95810.8		示值误差最大值 （Pa）	0.29
使用环境下空气密度 ρ'（kg/m³）	$1.1851 \times 10^{-5} \times p_0 =$ 1.1354538			
重力加速度 g（m/s²）	9.7944			

二等补偿式微压计示值误差允许值为：$-1.5\text{kPa} \leqslant$ 测量值 $\leqslant 1.5\text{kPa}$ ；$\pm 0.8\text{Pa}$，示值误差合格。

（31）依据 JJG 1073—2011《压力式六氟化硫气体密度控制器》，检定一台压力式六氟化硫气体密度控制器（后续检定），测量范围为 0~0.9MPa，准确度等级为 1.0 级，检定数据见下表，完成下表并判断是否合格。

示值误差和回程误差的检定 / 校准

单位：MPa　分度值：0.02MPa/ 格

检定点作用压力值	第一次检定		第二次检定		检定平均值		误差最大值	
	上行程	下行程	上行程	下行程	上行程	下行程	示值误差	回程误差
0.00	0.000	0.000	0.000	0.000				
0.10	0.102	0.102	0.100	0.100				
0.20	0.200	0.204	0.200	0.202				
0.30	0.304	0.306	0.302	0.306				
0.40	0.404	0.406	0.402	0.404				
0.50	0.498	0.500	0.500	0.498				
0.55	0.542	0.548	0.544	0.544				
0.60	0.598	0.600	0.598	0.600				
0.70	0.696	0.700	0.696	0.700				
0.80	0.800	0.800	0.798	0.800				
0.90	0.900	0.900	0.896	0.896				

最大允许误差：$\pm 0.9 \times 1.0\% = \pm 0.009$（MPa）；回程误差允许值：$0.9 \times 1.0\% = 0.009$（MPa）。

设定点偏差、切换差

单位：MPa

设定值	报警值		设定点偏差		设定点偏差允许值（±）		切换差	切换差允许值
	升压	降压	升压	降压	升压	降压		
0.50	0.5127	0.5050						
0.55	0.5637	0.5553						

答：

示值误差和回程误差的检定 / 校准

单位：MPa　分度值：0.02MPa/ 格

检定点作用压力值	第一次检定		第二次检定		检定平均值		误差最大值	
	上行程	下行程	上行程	下行程	上行程	下行程	示值误差	回程误差
0.00	0.000	0.000	0.000	0.000	0.000	0.000	0.000	0.000

检定点作用压力值	第一次检定		第二次检定		检定平均值		误差最大值	
	上行程	下行程	上行程	下行程	上行程	下行程	示值误差	回程误差
0.10	0.102	0.102	0.100	0.100	0.102	0.102	0.002	0.000
0.20	0.200	0.204	0.200	0.202	0.200	0.204	0.004	0.004
0.30	0.304	0.306	0.302	0.306	0.304	0.306	0.006	0.004
0.40	0.404	0.406	0.402	0.404	0.404	0.406	0.006	0.002
0.50	0.498	0.500	0.500	0.498	0.498	0.498	−0.002	0.002
0.55	0.542	0.548	0.544	0.544	0.542	0.546	−0.008	0.006
0.60	0.598	0.600	0.598	0.600	0.598	0.600	−0.002	0.002
0.70	0.696	0.700	0.696	0.700	0.696	0.700	−0.004	0.004
0.80	0.800	0.800	0.798	0.800	0.798	0.800	−0.002	0.002
0.90	0.900	0.900	0.896	0.896	0.898	0.898	−0.004	0.000

最大允许误差：$\pm 0.9 \times 1.0\% = \pm 0.009$（MPa）；回程误差允许值：$0.9 \times 1.0\% = 0.009$（MPa）。

设定点偏差、切换差　　　　　　　　　　　　　单位：MPa

设定值	报警值		设定点偏差		设定点偏差允许值（±）		切换差	切换差允许值
	升压	降压	升压	降压	升压	降压		
0.50	0.5127	0.5050	0.0127	0.0050	0.014	0.009	0.0077	0.027
0.55	0.5637	0.5553	0.0137	0.0053			0.0084	

升压设定点偏差允许值：$\pm 0.9 \times 1.6\% = \pm 0.014$（MPa）；

降压设定点偏差允许值：$\pm 0.9 \times 1.0\% = \pm 0.009$（MPa）；

切换差允许值：$\pm 0.9 \times 3.0\% = \pm 0.027$（MPa）。

因此，该压力式六氟化硫气体密度控制器符合 1.0 级。

第 3 章

振动

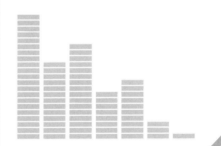

第 1 节
振动基础知识

 概述

振动是宇宙普遍存在的一种现象。大至宇宙，小至亚原子粒子，无不存在振动。各种形式的物理现象，包括声、光、热等都包含振动。人们生活中也离不开振动：心脏的搏动、耳膜和声带的振动，都是人体不可缺少的功能；人的视觉靠光的刺激，而光本质上也是一种电磁振动；生活中不能没有声音和音乐，而声音的产生、传播和接收都离不开振动。在工程技术领域中，振动现象也比比皆是。例如，桥梁和建筑物在阵风或地震激励下的振动，飞机和船舶在航行中的振动，机床和刀具在加工时的振动，各种动力机械的振动，控制系统中的自激振动，等等。

振动总体可分为宏观振动（如地震、海啸）和微观振动（基本粒子的热运动、布朗运动）。一些振动拥有比较固定的波长和频率，一些振动则没有固定的波长和频率。

不同的原子拥有不同的振动频率，发出不同频率的光谱，因此可以通过光谱分析仪发现物质含有哪些元素。在常温下，粒子振动幅度的大小决定了物质的形态（固态、液态和气态）。不同的物质拥有不同的熔点、凝固点和汽化点也是由粒子不同的振动频率决定的。我们平时所说的气温就是空气粒子的振动幅度。任何振动都有能量来源，没有能量来源就不会产生振动。物理学规定的绝对零度就是连基本粒子都无法产生振动的温度，也是宇宙的最低温度。

振动原理广泛应用于音乐、建筑、医疗、制造、建材、探测、军事等行业，有许多细小的分支，对任何分支的深入研究都能够促进科学的向前发展，推动社会进步。

各个不同领域中的振动现象虽然各具特色，但往往有着相似的数学力学描述。正是在这种共性的基础上，有可能建立某种统一的理论来处理各种振动问题。

振动和振动单位

1. 振动的名词术语

（1）机械振动：指物体围绕其平衡位置附近来回摆动并随时间变化的一种运动，是机械系统对激励的响应。振动的强弱用振动量来衡量，振动量可以是振动体的位移、速度或加速度。

（2）自由振动：一般是指力学体系在经历某一初始扰动（位置或速度的变化）后，不再受外界力的激励和干扰的情形下所发生的振动。

（3）受迫振动：是指在外来力函数的激励下而产生的振动。

（4）自激振动：是指由振动体自身所激励的振动。

（5）激励：引起系统运动的力作用或扰动。

（6）响应：所有力作用于系统上产生的运动。

（7）峰峰值：整个振动历程的最大值，即正峰与负峰之间的差值。

（8）单峰值：振动加速度的量值是单峰值，正峰或负峰的最大值，单位是米/秒平方（m/s^2），取 $9.81m/s^2$。

（9）有效值：振动速度的量值为有效值，均方根值，单位是毫米/秒（mm/s）。

（10）峰峰值、单峰值和有效值的关系：只有在纯正弦波（如简谐振动）的情况下，单峰值等于峰峰值的 1/2，有效值等于单峰值的 0.707，平均值等于单峰值的 0.637 倍；平均值在振动测量中很少使用。它们之间的换算关系是：峰峰值 =2× 单峰值 =2×21/2× 有效值。

（11）振动位移：常用峰峰值表示，单位一般为 μm，速度常用有效值表示，也成为振动烈度，单位一般为 mm/s，加速度常用峰值表示，单位一般为 m/s^2。振幅的量值可以表示为峰峰值（pp）、单峰值（p）、有效值（rms）或平均值（ap）。

（12）振幅：表示物体动态运动或振动的幅度，它是机械振动强度和能量水平的标志，也是机器振动严重程度的一个重要指标，是评判机器运转状态优劣的主要指标。表述振动幅值的大小通常采用振动的位移、速度或加速度值为度量单位。

（13）周期：物体完成一个完整的振动所需要的时间。

（14）频率：是指振动物体在单位时间（1s）内所产生振动的次数，单位是赫兹（Hz）。频率是振动特性的标志，是分析振动原因的重要依据。

（15）振动频率也可以用转速频率的倍数来表示。

（16）相位：是指某一瞬间机器的某一振动频率（如转频）与轴上某一固定标志（如键相器）之间的相位差。

（17）转频：指机器在正常工作时的频率（工作转速除以60即为转频），也叫基频、工频。

（18）倍频：转频的整数倍频率。

（19）包络解调：故障所引起的低频（通常是数百Hz以内）冲击脉冲激起了高频（数十倍于冲击频率）共振波形，对它进行包络、检波、低通滤波（即解调），会获得一个对应于低频冲击的而又被放大并展宽的共振解调波形。

（20）同步振动：指与转率成正比变化的振动频率成分，是转率的整数倍或者整分数倍。

（21）异步振动：指与转速频率无关的振动频率成分，也可称为非同步运动。

（22）共振：是指一物理系统在特定频率下，比其他频率以更大的振幅做振动的情形，这些特定频率称之为共振频率。在共振频率下，很小的周期振动便可产生很大的震动。

（23）固有频率：物体做自由振动时，其位移随时间按正弦规律变化，又称为简谐振动。简谐振动的振幅及初相位与振动的初始条件有关，振动的周期或频率与初始条件无关，而与系统的固有特性有关，称为固有频率或者固有周期。

（24）临界转速：在一定的转速下，某一阶固有频率可以被转子上的不平衡力激起，这个与固有频率一致的转速就被称为临界转速。

（25）同向振动：在对称转子中，若两端支持轴承在同一方向（垂直或水平）的振动相位角相同时，则称这两轴承的振动为同相振动。

（26）反向振动：若两端支持轴承在同一方向（垂直或水平）的振动相位角相差180°时，则称这两轴承的振动为反相振动。

2. 振动

振动是自然界最普遍的现象之一。各个不同领域中的振动现象各具特色，但往往有着相似的数学力学描述。正是在这种共性的基础上，有可能建立某种统一的理论来处理各种振动问题。振动学就是借助于数学、物理、实验和计算技术，探讨各种振动现象的机理，阐明振动的基本规律，以便克服振动的消极因素，利用其积极因素，为合理解决实践中遇到的各种振动问题提供理论依据。

振动是指一个状态改变的过程，即物体的往复运动。可以定量研究（可以用公式法、作图法、列表法给出确定数值）的，只有四种最简单的运动：匀变速直线运动、匀速圆周运动、抛体运动和简谐振动。复杂的运动，可以依托这四种运动进行定性研究。

从广义上说振动是指描述系统状态的参量（如位移、电压）在其基准值上下交替变化的过程。狭义的指机械振动，即力学系统中的振动。电磁振动习惯上称为振荡。力学系统能维持振动，必须具有弹性和惯性。由于弹性，系统偏离其平衡位置时，会产生回复力，促使系统返回原来位置；由于惯性，系统在返回平衡位置的过程中积累了动能，从而使系统越过平衡位置向另一侧运动。正是由于弹性和惯性的相互影响，才造成系统的振动。按系统运动自由度分，有单自由度系统振动（如钟摆的振动）和多自由度系统振动。有限多自由度系统与离散系统相对应，其振动由常微分方程描述；无限多自由度系统与连续系统（如杆、梁、板、壳等）相对应，其振动由偏微分方程描述。方程中不显含时间的系统称为自治系统；显含时间的系统称为非自治系统。按系统受力情况分，有自由振动、衰减振动和受迫振动。按弹性力和阻尼力性质分，有线性振动和非线性振动。振动又可分为确定性振动和随机振动，后者无确定性规律，如车辆行进中的颠簸。振动是自然界和工程界常见的现象。振动的消极方面是：影响仪器设备功能，降低机械设备的工作精度，加剧构件磨损，甚至引起结构疲劳破坏；振动的积极方面是：有许多需利用振动的设备和工艺（如振动传输、振动研磨、振动沉桩等）。

按能否用确定的时间函数关系式描述，将振动分为两大类，即确定性振动和随机振动（非确定性振动）。确定性振动能用确定的数学关系式来描述，对于指定的某一时刻，可以确定相应的函数值。随机振动具有随机特点，每次观测的结果都不相同，无法用精确的数学关系式来描述，不能预测未来任何瞬间的精确值，而只能用概率统计的方法来描述这种规律。

机械振动是指系统在某一位置（通常是静平衡位置，简称平衡位置）附近所作的往复运动。显然这是一种特殊形式的机械运动。人类的大多数活动都包括这样或那样的机械振动。例如，我们能听见周围的声音是由于鼓膜的振动；我们能看见周围的物体是由于光波振动的结果。

早期机械振动研究起源于摆钟与音乐。至 20 世纪上半叶，线性振动理论基本建立起来。欧拉（Euler）于 1728 年建立并求解了单摆在阻尼介质中运动的微分方程。1739 年他研究了无阻尼强迫振动，从理论上解释共振现象。1747 年他对 n 个等质量质点由等刚度弹簧连接的系统列出了微分方程组并求出精确解，从而发现系统的振动是各阶简谐振动的叠加。1760 年拉格朗日（Lagrange）建立了离散系统振动的一般理论。

一个振动系统本质上是一个动力系统，这是由于其变量如所受到的激励（输入）和相应（输出）都是随时间变化的。一个振动系统的响应一般来说是依赖于初始条件和外部激励的。大多数实际振动系统都十分复杂，因而在进行数学分析时把所有的细节都考虑进来是不可能的。为了预测在指定输入下振动系统的行为，通常只是考虑那些最重要的特性。也会经常遇到这样的情况，即对一个复杂的物理系统，即使采用一个比较简单的模型也能够大体了解其行为。

振动系统可以分成两大类，离散系统和连续系统。连续系统具有连续分布的参量，但可通过适当方式化为离散系统。按自由度划分，振动系统可分为有限多自由度系统和无限多自由度系统。前者与离散系统相对应，后者与连续系统相对应。

前面说到，物体在平衡位置附近所作有规律的往复运动称为机械振动，简称振动。把振动物体偏离平衡位置后所受到的总是指向平衡位置的力，称为回复力。由此看来，物体偏离平衡位置后必须受到回复力作用，这是做机械振动的必要条件。

简谐振动的特点是：①有一个平衡位置（机械能耗尽之后，振子应该静止的唯一位置）；②有一个大小和方向都作周期性变化的回复力的作用；③频率单一、振幅不变。

3. 振动单位

振动一般可以用以下三个单位表示：mm、mm/s、mm/s^2。分别为振幅、振动速度、振动加速度的单位。振幅是表象，速度和加速度是转子激振力的程度。

振动位移一般用于低转速机械的振动评定。振动速度一般用于中转速机械的振动评定。振动加速度一般用于高转速机械的振动评定。

工程上使用的振动速度是速度的有效值，表征的是振动的能量。

在高度发展的现代工业中，现代测试技术向数字化、信息化方向发展已成必然发展趋势，而测试系统的最前端是传感器。振动传感器在测试技术中是关键部件之一，它的作用主要是将机械量接收下来，并转换为与之成比例的电量。由于它也是一种机电转换装置，所以我们有时也称它为换能器、拾振器等。

振动传感器安装在现场测量点位置，将现场输入变量按一定规律进行转换，可以将设备的不可识别的运行状态转换为监测装置可识别的信号的装置。根据测量原理不同，分为电涡流传感器、速度传感器、加速度传感器等。

三 振动计量溯源

为了使计量结果准确一致，任何量值都必须由同一个基准（国家基准或国际基准）传递而来。换句话说，都必须能通过连续的比较链与计量基准联系起来，这就是溯源性。

计量溯源性是 2015 年公布的计量学名词。它是通过文件规定的不间断的校准链，将测量结果与参照对象联系起来的特性。校准链中的每项校准均会引入测量不确定度。

量值溯源等级图，也称为量值溯源体系表，它是表明测量仪器的计量特性与给定量的计量基准之间关系的一种代表等级顺序的框图。它对给定量及其测量仪器所用的比较链进行量化说明，以此作为量值溯源性的证据。

实现量值溯源的最主要的技术手段是校准和检定。

《中华人民共和国计量法》明确规定："计量检定必须按照国家计量检定系统表进行。"国家计量检定系统表概括了量值传递技术全貌。

振动计量溯源按照《国家计量检定系统表》中振动计量器具检定系统表框图执行，见图 3-1。

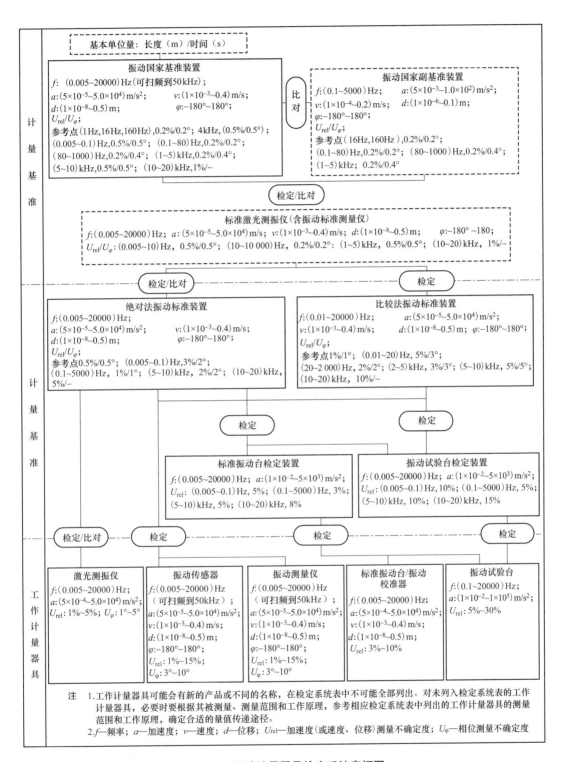

图 3-1　振动计量器具检定系统表框图

第2节

振动仪表

一 原理、结构及用途

振动仪表包括振动传感器、测振仪等。振动传感器有振动位移传感器、振动速度传感器和振动加速度传感器。

振动位移传感器（常用电涡流传感器）根据振动位移变化与输出电压的变化关系进行振动测量，振动速度传感器根据相对运动切割磁力线产生电压的变化进行振动测量，振动加速度传感器根据形变与电荷的关系进行振动测量。

速度传感器通过硬件或软件积分可以得到位移，加速度传感器通过一次积分可以得到振动速度，二次积分可以得到振动位移。

1. 振动速度传感器

振动速度传感器是惯性式传感器，它利用磁电感应原理把振动信号变换成电压信号，该电压值正比于振动速度值。它主要由磁路系统、惯性质量、弹簧尼等部分组成。在传感器壳体中刚性地固定有磁铁，惯性质量（线圈组件），用弹簧元件悬挂于壳上。工作时，将传感器安装在机器上，在机器振动时，在传感器工作频率范围内，线圈与磁铁相对运动、切割磁力线，在线圈内产生感应电压，该电压值正比于振动速度值。与二次仪表相配接即可显示振动速度或位移量的大小。也可以输送到其他二次仪表或交流电压表进行测量。

磁电式速度传感器由磁铁、线圈和阻尼元件组成。由振动引起的磁铁和线圈的相对运动产生感应电动势。线圈在磁场中运动的结构形式称为动圈式，磁铁在线圈中运动的结构形式称为动磁式。

磁电式速度传感器结构原理见图3-2。

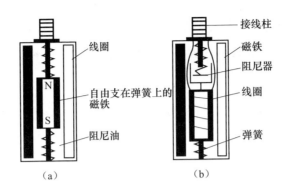

图 3-2 磁电式速度传感器结构原理图
（a）动磁式；（b）动圈

磁电式速度传感器内的测量线圈随着被测物体的运动作垂直（或水平）运动，在永久磁铁形成的磁场内产生与振动速度呈线性比例关系的交流电压，将机械位移（或速度）量转换成 mV 交流电信号。

磁电式速度传感器产生与振动速度成正比的电压信号。经微分和积分运算，可测振动位移和加速度。磁电式速度传感器机械振动测试中被广泛应用，其优点是灵敏度高，内阻低，不需外接电源，不经放大即可以远距离传送信号，便于振动的长期监测，常用于低频振动烈度的测试。

振动速度传感器的突出特点是输出信号大，后处理电路简单，抗干扰能力强。缺点是结构比较复杂，比较大。目前，电路校正方法可用于降低磁振动传感器的测试频率，也可用于低频振动测试。

振动速度传感器输出信号和振动速度成正比，因此对振动测量来说可以兼顾高频、中频和低频的应用领域。并且符合国际标准对旋转机器评定参数的要求。具有较低的输出阻抗，较好的信噪比，使用方便。具有较低的使用频率可以适用于低转速的旋转机器。灵活性好，可以测量微小的振动。有一定抗横向振动能力（不大于 $10g$ 峰值）。

振动速度传感器可用于测量轴承座、机壳或结构的振动（相对于惯性空间的绝对振动）。可以直接安装在机器外部，使用维护极为方便。

2. 电涡流式振动传感器

电涡流式振动传感器是工作原理为涡流效应的振动式传感器，它属于非接触式传感器。电涡流式振动传感器是通过传感器的端部和被测对象之间距离上的变化，来测量物体振动参数的。电涡流式振动传感器主要用于振动位移的测量。

从位移传感器输出信号类型划分，可分为电阻式、电容式、电感式、变压式、电涡流式、激光式等。电涡流式位移传感器是基于电涡流效应制作而成，它的感应参数是阻抗的变化，把阻抗的变量对应成位移的函数关系，还与被测物体的形状和尺寸有关。

当接通传感器系统电源时，在前置器内会产生一个高频电流信号，该信号通过电缆送到探头的头部，在头部周围产生交变磁场，如果在磁场的范围内没有金属导体材料接近，则发射到这一范围内的能量都会全部释放；反之，如果有金属导体材料接近探头头部，则交变磁场将在导体的表面产生电涡流场，该电涡流场也会产生一个方向与之前磁场相反的交变磁场。由于后者的反作用，就会改变探头头部线圈高频电流的幅度和相位，即改变了线圈的有效阻抗。这种变化既与电涡流效应有关，又与静磁学效应有关，即与金属导体的电导率、磁导率、几何形状、线圈几何参数、激励电流频率以及线圈到金属导体的距离等参数有关。

电涡流传感器能准确测量被测体（必须是金属导体）与探头端面之间静态和动态的相对位移变化。在高速旋转机械和往复式运动机械状态分析，振动研究、分析测量中，对非接触的高精度振动、位移信号，能连续准确地采集到转子振动状态的多种参数，如轴的径向振动、振幅以及轴向位置。电涡流传感器可长期可靠工作、灵敏度高、抗干扰能力强、非接触测量、响应速度快、不受油水等介质的影响，在大型旋转机械的轴位移、轴振动、轴转速等参数进行长期实时监测中被广泛应用。

需要注意的是被测体表面加工状况对测量结果具有一定影响。如被测体正对探头的表面粗糙度会影响测量结果。不光滑的被测体表面，在实际的测量应用中会带来较大的附加误差，特别是对于振动测量，误差信号与实际的振动信号叠加一起，并且在电气上很难分离，因此被测表面应该光滑，不应存在刻痕、洞眼、凸台、凹槽等缺陷（对于特意为键相器、转速测量设置的凸台或凹槽除外）。根据 API670 标准推荐值，对于振动测量被测面表面粗糙度 R_a 要求在 0.4~0.8μm 之间，如果不能满足，需要对被测面进行研磨或抛光。对于位移测量，由于指示仪表的滤波效应或平均效应，可稍放宽（一般表面粗糙度 R_a 不超过 0.4~1.6μm）。

被测体表面材料对测量结果也具有一定影响。传感器特性灵敏度与被测体的电阻率和导磁率有关。当被测体为导磁材料（如普通钢、结构钢等）时，由于磁效应和涡流效应同时存在，而且磁效应与涡流效应相反，要抵消部分涡流效应，使得传感器灵敏度降低；而当被测体为非导磁或弱导磁材料（如铜、铝、合金钢等）时，由于磁效应弱，相对来说涡流效应要强，因此传感器灵敏度要高。

电涡流式振动传感器的突出特点是结构简单、可靠，具有精度高、稳定性好、输出功率大等。

从转子动力学、轴承学的理论上分析，大型旋转机械的运动状态，主要取决于其核心——转轴，而电涡流传感器，能直接非接触测量转轴的状态，对诸如转子的不平衡、不对中、轴承磨损、轴裂纹及发生摩擦等机械问题的早期判定，可提供关键的信息。电涡流传感器长期工作可靠性好、测量范围宽、灵敏度高、分辨率高、响应速度快、抗干扰力强、不受油污等介质的影响、结构简单等优点，在大型旋转机械状态的在线监测与故障诊断中得到广泛应用。

电涡流传感器系统广泛应用于电力、石油、化工、冶金等行业，对汽轮机、水轮机、发电机、鼓风机、压缩机、齿轮箱等大型旋转机械的轴的径向振动、轴向位移、鉴相器、轴转速、胀差、偏心、油膜厚度等进行在线测量和安全保护，以及转子动力学研究和零件尺寸检验等方面。

3. 压电式振动传感器

加速度传感器是一种能够测量加速度的传感器。通常由质量块、阻尼器、弹性元件、敏感元件和适调电路等部分组成。传感器在加速过程中，通过对质量块所受惯性力的测量，利用牛顿第二定律获得加速度值。根据传感器敏感元件的不同，常见的加速度传感器包括电容式、电感式、应变式、压阻式、压电式等。

压电式振动传感器是利用晶体的压电效应来完成振动测量的，当被测物体的振动对压电式振动传感器形成压力后，晶体元件就会产生相应的电荷，电荷数即可换算为振动参数。最常用的振动加速度传感器是压电式加速度计。这种类型的传感器具有非常广泛的动态测量范围。还有很多其他类型的加速度计被用于测量很低频率的加速度。

某些材料受到一定方向的外力 F 而发生变形时，在一定表面上产生电荷 q，当外力撤销后，恢复到不带电状态，这种现象称为压电效应。相反，如果这些材料在极化方向被外电场作用，就会在一定方向产生机械变形或应力，如果撤除外电场，这些变形或应力也随之消失，这种现象称为逆压电效应，即电致伸缩效应。

压电传感器固有特性是因为使用压电材料作为敏感元件。传感器的振荡质量块在加速度作用下产生惯性力，这个力对具有一定刚度的压电元件产生压电效应。在低于震荡质量固有频率的一个频率范围内，传感器输出的电量与加速度成正比。

压电加速度计的典型频率响应见图3-3。

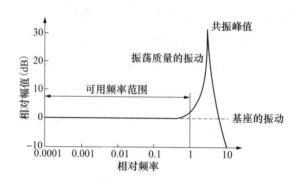

图3-3　压电加速度计的典型频率响应图

压电式加速度传感器是基于某些介质（压电）材料的压电效应，当材料受外力（振动）作用而变形时，其表面会有与介质受力（振动）呈线性比例关系的电荷产生，对电荷进行放大处理后，得到振动信号。由于压电传感器易受外界电荷（静电、雷电、电缆桥架中可能存在的电磁干扰）、引线应力、安装应力、电荷放大器漂移等因素的影响导致输出产生突变，因此，采用压电传感器投入机械保护的测点要小心应对。

压电振动传感器的突出特点是无运动部件、频带宽、灵敏度高、信噪比高、构简单可靠、重量轻。缺点是谐振频率高、易受外界干扰、输出阻抗高、输出信号弱，需要通过放大器电路放大，检测电路检测。随着电子技术的飞速发展，伴随的低噪声、高绝缘电阻和小电容的二次仪表和电缆使压电振动传感器的应用更加广泛。

电荷型加速度传感器可以在非常高的环境温度下使用，其没有内置电子，而是使用远程电荷放大器。电荷型加速度传感器配有一体硬线电缆，可以应用在温度超过260℃环境下，例如燃气轮机振动监测等。

4. 测振仪

工作测振仪可以测量机械振动的加速度、速度和位移。能广泛应用于各类机器设备，如汽轮机、风机、压缩机、电机、机床等的状态监测和故障诊断。

测振仪一般都采用压电式，结构形式大致两种：压缩式和剪切式。其原理是利用石英晶体和人工极化陶瓷的压电效应设计而成。当石英晶体或人工极化陶瓷受到机械应力作用时，其表面就产生电荷，所形成的电荷密度的大小与所施加的机械应力的大小成严格的线性关系。同时，所受的机械应力在敏感质量一定的情况下与加速度值成正比。在一定的条件下，压电晶体受力后产生的电荷与所感受的加速度值成正比。产生的电荷经过电荷放大器及其他运算处理后输出形成所需数据。也就是振动信号转换成电信号，通过对输入信号的处理分析，显示出振动的加速度、速度、位移值。

振动测试是实现设备状态与故障诊断的重要手段。手持式测振仪电路设计先进，全部采用集成电路，电荷变换级置于探头内，具有噪声小、抗干扰，可以用粗电缆连接等优点。测振仪的使用提高了生产安全、生产质量和生产效率。

测振仪与其他检测仪器配合使用有利对设备的运行状态进行分析，能更准确地判断设备的运行情况。

 振动测量仪表的选择安装和检定

在工程振动测试领域中，振动测试手段与方法多种多样，按各种参数的测量方法及测量过程的物理性质可以分成三类，机械式、光学式、电测式。

机械式是将工程振动的参量转换成机械信号，再经机械系统放大后，进行测量、记录，常用的仪器有杠杆式测振仪和盖格尔测振仪，它能测量的频率较低，精度也较差。但在现场测试时较为简单方便。

光学式是将工程振动的参量转换为光学信号，经光学系统放大后显示和记录。如激光测振仪等。

电测式是将工程振动的参量转换成电信号，经电子线路放大后显示和记录。电测式的要点在于先将机械振动量转换为电量（电动势、电荷、其他电量），然后再对电量进行测量，从而得到所要测量的机械量。

上述三种测量方法的物理性质虽然各不相同，但是组成的测量系统基本相同，它们都包含拾振、测量放大线路和显示记录三个环节。①拾振环节，把被测的机械振动量转换为机械的、光学的或电的信号，完成这项转换工作的器件称为传感器。②测量线路，测量线路的种类甚多，它们都是针对各种传感器的变换原理而设计。比如，压电式传感器的测量线路有电压放大器、电荷放大器等；此外，还有积分线路、微分线路、滤波线路、归一化装置等。③信号分析及显示、记录环节，从测量线路输出的电压信号，可按测量的要求输入给信号分析仪或输送给显示仪器（如电子电压表等）、记录设备（如示波器）等。

用于振动测试的振动传感器按测量振动参量可分为三类：位移传感器、速度传感器和加速度传感器（也称为加速度计）。一般来说，位移传感器适用于低频测量，速度传感器适用于中频测量，加速度传感器适用于中高频测量。由于加速度传感器具有生产工艺成熟、频响范围宽、动态范围大、安装方便等特点，因而在振动测试中应用最广。

1. 磁电式速度传感器

磁电式速度传感器也就是惯性式电动传感器，由固定部分、可动部分以及支承弹簧部分所组成。为了使传感器工作在位移传感器状态，其可动部分的质量应该足够的大，而支承弹簧的刚度应该足够的小，也就是让传感器具有足够低的固有频率。

从传感器的结构上来说，惯性式电动传感器是一个位移传感器。然而由于其输出的电信号是由电磁感应产生，根据电磁感应电律，当线圈在磁场中做相对运动时，所产生的电动势与线圈切割磁力线的速度成正比。因此就传感器的输出信号来说，感应电动势同被测振动速度成正比的，所以它实际上是一个速度传感器。

瓦振测量目前采用的传感器主要为磁电式速度传感器和压电式传感器。应用较多的是磁电式速度传感器。瓦振测量均采用接触式测量。

因为重力，水平安装和垂直安装的传感器采用不同方向的类型。磁电式速度传感器是沿着其主轴方向测量振动的。如果需要测量垂直、水平和轴线方向的振动，应在各个方向分别安装传感器。

测量大型交流发电机或电动机振动时，应特别地考虑磁场干扰问题。为了减少交变磁场的影响，可以采用磁屏蔽的方法。

使用振动传感器测量振动时，传感器的安装位置应尽量减少通过机器的振动传输路径。避免将传感器安装在薄片或无振动区域（波腹）。

振动传感器的三个主要因素：固有频率、阻尼系数和比例因子。比例因子将输出与加速度输入相关联，并与灵敏度相关联。固有频率和阻尼系数一起决定了振动传感器的精度水平。在由弹簧和附着质量组成的系统中，如果要将质量拉回平衡并释放质量，质量将向前振动（超过平衡）并向后振动直至其停止。使质量静止的摩擦力由阻尼系数确定，质量向前和向后振动的速率是其固有频率。

磁电式速度传感器作为瓦振测量，该测点由于在汽轮发电机的轴承盖上安装，相对简单。安装时只需要紧固好传感器上的螺钉。螺钉不能松动，但也不宜超过力矩。由于在机体外安装，机组检修尾期要保温施工或者喷涂，如过早安装，容易由于施工损坏传感器或电缆（或污损）。因此，可等待汽机平台所有施工项目完成（包括可能的喷漆工序）、施工人员全部撤离后再安装。也就是说瓦振传感器可在机务检修结束后安装，防止了因缸体保温、壳体喷漆等对传感器造成污损。因为这种传感器包含容易失效的运动零件，所以应按要求定期检定。

磁电式速度传感器检定依据 JJG 134—2023《磁电式速度传感器》。

2. 振动位移传感器

电涡流式振动位移传感器是一种相对式非接触式传感器，它是通过传感器端部与被测物体之间的距离变化来测量物体的振动位移或幅值的。电涡流传感器具有频率范围宽（0~10kHz）、线性工作范围大、灵敏度高以及非接触式测量等优点，主要应用于静态位移的测量、振动位移的测量、旋转机械中监测转轴的振动测量。

电涡流式振动位移传感器要确认涡流传感器和前置器是否匹配使用并安装。

（1）振动位移传感器作为相对轴振测量。当需要测量轴的径向振动时，要求轴的直径大于探头直径的 3 倍以上。每个测点应同时安装两个传感器探头，两个探头应分别安装在轴承两边的同一平面上相隔 90°±5°。轴承盖一般为水平分割，因此通常将两个探头分别安装在垂直中心线每一侧 45°，分别定义为 X 探头（水平方向）和 Y 探头（垂直方向），X 方向在垂直中心线的右侧，Y 方向在垂直中心线的左侧。

轴的径向振动测量时探头的安装位置应该尽量靠近轴承，否则由于轴承的挠度，得到的值会有偏差。

振动位移传感器作为相对轴振测量，静态定位时应以前置器的输出电压为依据（不要用塞尺测量间隙）。轴振测量处理的有效信号为交流电压信号，静态定位的直流电压为偏置电压（也称载波电压），静态直流电压在输入测量模块后首先被电容器滤掉（隔直电容），而交流信号则可以进入测量模块进行进一步处理。在确定前置器直流电压时，只要设置的测量量程乘以传感器的灵敏度，其结果不超过传感器的上限电压（20V）和低于下限电压（4V），安装就是有效的。

依据前置器电压定位，前置器电压值一般取高于传感器中心点电压1~2V为宜，如测量回路的电压是 –2~–18V，则传感器中心点电压应为 –10V DC，则定位电压可为 –11~–12V DC。

注意确认采用的涡流传感器和前置器是匹配使用并安装。

（2）振动位移传感器作为轴位移测量。轴位移是指转子相对于轴系机械死点的位移。转子的机械死点一般位于推力瓦位置。由于轴位移的正负两方向测量基本为对称量程，传感器量程足够用，零点前置器电压取测量回路的中心点电压。假如传感器的测量回路为 –2~–18V DC，则中心电压为 –10V DC。

测量轴的轴向位移时，测量面应该与轴是一个整体，测量面是以探头的中心线为中心，宽度为1.5倍的探头圆环。探头安装时，探头与止推法兰距离不应超过305mm，否则测量结果不仅包含轴向位移变化，而且包含胀差的变化，测量的不是轴的真实位移值。

注意确认采用的涡流传感器和前置器是匹配使用并安装。

（3）振动位移传感器作为胀差测量。胀差一般是指转子相对于缸体的膨胀差值，但前提是传感器是固定在缸体上。安装时以传感器的中点电压（如 –12V）为"零点"定位电压。由于胀差测量范围往往存在不对称性，比如 –3.0~+9.0mm，这时需要进行计算实现"零点迁移"。

胀差和轴位移测量采用电涡流传感器，除了传感器的量程范围存在较大差异外，其测量原理基本是一样的。

注意确认采用的涡流传感器和前置器是匹配使用并安装。

（4）振动位移传感器作为偏心测量。偏心也称轴弯曲、挠度，主要用于测量转子在低转速（一般低于600r）情况下的转子偏心度。采用电涡流传感器，传感器量程2mm，灵敏度约8V/mm。转子每转一圈，输出一个偏心值，由键相信号来触发，如果键相信号消失，就不会输出偏心值。

注意确认采用的涡流传感器和前置器是匹配使用并安装。

振动位移传感器检定依据JJG 644—2003《振动位移传感器检定规程》。

3. 压电加速度计

加速度计具有以下优点：生产工艺成熟、动态范围大、频率范围宽、线性度好、稳定性高、安装方便等特点。常用于中小结构的模态试验、汽车试验、旋转机械故障诊断试验和振动控制试验等。在这主要介绍两种类型的加速度传感器：压电式加速度传感器和ICP型加速度传感器。

压电式加速度传感器的机械接收部分是惯性式加速度机械接收原理，机电部分利用的是压电晶体的正压电效应。其原理是某些晶体（如人工极化陶瓷、压电石英晶体等，不同的压电材料具有不同的压电系数，一般都可以在压电材料性能表中查到）在一定方向的外力作用下或承受变形时，它的晶体面或极化面上将有电荷产生，这种从机械能（力，变形）到电能（电荷，电场）的变换称为正压电效应。而从电能（电场，电压）到机械能（变形，力）的变换称为逆压电效应。

因此利用晶体的压电效应，可以制成测力传感器，在振动测量中，由于压电晶体所受的力是惯性质量块的牵连惯性力，所产生的电荷数与加速度大小成正比，所以压电式传感器又称压电式加速度传感器。

压电式加速度传感器坚固耐用，结构紧凑，频率响应范围宽，适用于监测滚动轴承等很高频率的振动。它是惯性式传感器，一般安装在机器外壳上。

有四种主要方法用于将传感器连接到监控位置。它们采用螺柱安装、黏合剂安装、磁力安装以及探针J端或刺针的使用。每种方法都会影响加速度计的高频响应。螺柱安装提供宽的频率响应和安全可靠的附件。

在选择安装方法时，应仔细考虑每种技术的优缺点，位置、坚固性、幅度范围、可访问性、温度和便携性等特性可能非常关键。然而，通常重要且被忽视的考虑因素是安装技术将对加速度计的高频操作范围产生影响。

安装后涉及表面处理。除了表面尽可能平坦、清洁且无碎屑、安装孔垂直之外，安装表面应涂上润滑剂。该涂层有助于较高频率振动的传递性并改善传感器的高频响应。通常使用有机硅真空油脂、重机油或蜂蜡。

加速度计应避免强烈冲击，如从高处跌落等。

压电加速度计检定依据 JJG 233—2008《压电加速度计检定规程》。

4. 测振仪

测振仪具有体积小、重量轻、灵敏度高、功能多、使用方便、自动化程度高、内存容量大、数据传输接口多样等优点。用于旋转机械轴振动、瓦振动/轴承座振动、偏心/摆度的监测和保护。它可以接受来自非接触式电涡流位移传感器、压电式振动速度传感器、压电式振动加速度传感器等的信号输入。配备 4~20mA 电流输出。

通过应用测振仪对设备进行状态检测，虽不能作为设备大修周期确定的唯一依据，但作为参考条件却是非常必要的。由于水泵、风机等设备的转速较低，所以，振动对其造成的危害不是唯一的。比如说有些时候用测振仪检测没有问题，但叶轮腐蚀严重，也需做大修。因此，确定设备大修周期应从测振仪检测结果、设备运行累计时间及效率等诸多方面情况来综合考虑。

通过应用测振仪检测，作为设备大修后的验收手段同样是相当必要。由于设备的新旧程度不一，所以对其验收的检测值也不做统一规定，应以被验收泵组大修前的检测值为依据，修后验收的检测值也不做统一规定，应以被验收泵组大修前的检测值为依据，修后值应低于修前值。应用测振仪还可以发现泵组安装问题（包括对中不好、地脚螺栓长期运行松动），以及机泵气穴现象等。

便携式测振仪是测振仪中的一种。便携式测振仪适用于机械设备的常规振动，特别是旋转和往复机械中的振动测量。可测量振动位移、速度（烈度）和加速度三参数。利用该仪器在轴承座上测量的数据，对照国际标准 ISO 2372，或者企业机器本身的标准就可确定设备（风机、泵、压缩机和电机等）所处的状态（良好、注意和危险）。

测振仪的选择需考虑功能、技术指标和质量。包括振动速度、加速度、位移、测试频率范围、传感器灵敏度、谐振频率、重量、最高温度的选择，以及是否可对输出信号进行记录、是否可外接滤波器、是否有分贝刻度等。根据频率范围、量程、功能、使用条件、外观等，确定技术指标；根据工作环境的温度和电场、磁场情况，选择相适宜的测振仪；若需要监测温度、转速，则选择附带有这些功能的测振仪。

测振仪使用中注意传感器的安装方式对测量的频响范围和动态范围有很大影响；传感器至电荷放大器的电缆不宜过长，必须用低噪声屏蔽电缆；测振时尽量保证电缆不晃动。

测振仪检定依据 JJG 676—2019《测振仪》。

第 3 节
测量不确定度评定

 电涡流式位移传感器动态灵敏度测量不确定度评定

在火电机组中，主机和辅机等旋转机械的状态分析、振动监测直接关乎机组的安全运行。电涡流式位移传感器能连续采集转子振动状态的多种参数，主要应用于静态位移的测量、动态振动位移的测量、旋转机械中监测转轴的振动测量。可对转子的不平衡、轴承磨损、轴裂纹及发生摩擦等机械问题及早判断，以防止事故发生。

为了保证传感器处于正常的工作状态，对其进行准确的校准非常重要，下文以动态振动位移测量为例，依据 JJG 644—2003《振动位移传感器检定规程》对电涡流式位移传感器动态灵敏度进行校准，并对其灵敏度测量的不确定度进行分析和评定，以下就评定中的数学模型、不确定度分析与计算等进行论述。

（一）系统组成及测量原理

1. 系统组成
检定或校准位移传感器的计量标准为比较法振动标准装置，该装置主要由振动激励系统（包括中频垂直和水平振动台 4808-W-001，功率放大器）、标准加速度计及电荷放大器、采集处理系统（动态信号分析仪和 PC 机）组成，以及相应的校准软件，系统如图 3-4 所示。

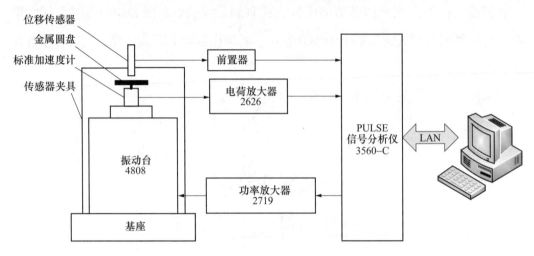

图 3-4　比较法振动标准装置

被检位移传感器出厂灵敏度为 7.87mV/μm，测量范围 20~120Hz，参考点设定为频率 55Hz，位移 90μm。

2. 测量原理

标准加速度计、金属圆盘刚性安装在振动台上，被检传感器通过夹具固定在金属圆盘上方，但不与其接触，传感器探头和金属盘的间隙一般为 1.2mm ± 0.2mm，传感器夹具与振动台基座刚性连接。当振动台产生振动，即金属圆盘产生一个位移量，根据电涡流效应，被检传感器会输出一个正比于振动位移的电压信号，该电压与振动位移的比值即为传感器的动态灵敏度。

标准加速度计灵敏度是已知的，通过测得标准加速度计和被检传感器的输出电压，经过计算即可得到被检传感器的灵敏度。由于被检传感器是位移传感器，标准传感器为加速度传感器，信号分析仪内部通过运算完成加速度和位移信号的转换，通过比较法的计算公式最终得到位移传感器的动态灵敏度值。

（二）建立数学模型

依据 JJG 644—2003《振动位移传感器检定规程》，被检位移传感器的动态灵

敏度如下

$$S_d = \frac{V}{D} \quad\quad (3\text{-}1)$$

式中：S_d 为位移传感器动态灵敏度值；V 为位移传感器输出电压；D 为振动位移值。

依据 JJG 676—2019《测振仪》，同时结合本计量标准测量原理，得到被检位移传感器的动态灵敏度如下

$$S_2 = (2\pi f)^2 \frac{V_2}{V_1} S_1 \quad\quad (3\text{-}2)$$

式中：S_1 为振动标准套组的灵敏度值；S_2 为被检位移传感器的灵敏度值；V_1 为振动标准套组输出；V_2 为被校传感器输出；f 为振动频率。

化简式（3-2），得到

$$S_2 = 4\pi^2 f^2 K_d S_1 \quad\quad (3\text{-}3)$$

式中：K_d 为被检传感器输出电压和振动标准套组输出电压之比。频率 f、电压比 K_d 以及振动标准套组的灵敏度值会导致测量不确定度，各分量间是相互独立的，相对合成标准不确定度的表达式为

$$u_{crel}(S_2) = \frac{u_c(S_2)}{S_2} \quad\quad (3\text{-}4)$$

其中合成标准不确定度 $u_{crel}(S_2)$ 的表达式为

$$u_{crel}(S_2) = \sqrt{c_f^2 u^2(f) + c_{Kd}^2 u^2(K_d) + c_{S1}^2 u^2(S_1)} \quad\quad (3\text{-}5)$$

其中，灵敏系数：$c_f^2 = \dfrac{\partial^2 S_2}{\partial f^2} = (8\pi^2 K_d S_1)^2$，$c_{Kd}^2 = \dfrac{\partial^2 S_2}{\partial K_d^2} = (4\pi^2 f^2 S_1)^2$，$c_{S1}^2 = \dfrac{\partial^2 S_2}{\partial S_1^2} = (4\pi^2 f^2 K_d)^2$，$S_2 = 4\pi^2 f^2 K_d S_1$，代入式（3-5），整理得

$$u_{crel}(S_2) = \sqrt{4u_{rel}^2(f) + u_{rel}^2(K_d) + u_{rel}^2(S_1)} \quad\quad (3\text{-}6)$$

（三）标准不确定度分量的评定

1. 频率测量引入的标准不确定度分量 $u_{rel}(f)$

由分析仪的出厂说明书可知该分析仪 3110 型输入 / 输出模块的频率最大允许误差为 ±0.0025%，设为均匀分布，取 $k = \sqrt{3}$，故 $u_{rel}(f) = \dfrac{0.0025\%}{\sqrt{3}} = 0.001\%$。

2. 各个影响量对电压比测量引入的标准不确定度分量 $u_{rel}(K_d)$

（1）与标准加速度计配用的电荷放大器衰减挡误差引入的标准不确定度分量 $u_{rel1}(K_d)$。根据规定的加速度和 160Hz 参考频率下标准加速度计灵敏度值。实测 2626

型电荷放大器衰减挡误差最大为 ±0.4%，可认为是均匀分布，$k=\sqrt{3}$，则 $u_{rel1}(K_d)=\dfrac{0.4\%}{\sqrt{3}}=0.231\%$。

（2）电压比测量误差引入的标准不确定度分量 $u_{rel2}(K_d)$。该项误差由动态信号分析仪检定证书可知，其扩展不确定度为 ±0.21%，$k=2$，是正态分布，则 $u_{rel2}(K_d)=\dfrac{0.21\%}{2}=0.105\%$。

（3）加速度失真引入的标准不确定度分量 $u_{rel3}(K_d)$。由于振动台不能产生标准正弦运动，所以不可避免地存在谐波失真，并且除谐波失真外还混杂有噪声及交流声。认为总谐波失真完全是由三次谐波产生的，在160Hz处实测振动台加速度谐波失真为0.120%，由其带给电压测量的幅值最大相对误差为 $\pm\dfrac{0.0012}{9\sqrt{1-0.0012^2}}=0.013\%$，认为是均匀分布，$k=\sqrt{3}$，则 $u_{rel3}(K_d)=\dfrac{0.013\%}{\sqrt{3}}=0.008\%$。

（4）噪声引入的标准不确定度分量 $u_{rel4}(K_d)$。根据4808标准振动台检定证书，台面加速度信噪比为74.21dB，由电压干扰噪声引入误差为 ±0.020%，认为是均匀分布，$k=\sqrt{3}$，则 $u_{rel4}(K_d)=\dfrac{0.020\%}{\sqrt{3}}=0.012\%$。

（5）横向、摇摆和弯曲振动引入的标准不确定度分量 $u_{rel5}(K_d)$。该项标准不确定度分量由标准加速度计横向振动引入，由 JJG 233—2008《压电加速度计检定规程》和压电加速度计出厂说明书可知，标准加速度计最大横向灵敏度比 S_T 不大于2%，振动台横向振动比 T 不超过10%。在160Hz参考条件下，实测振动台面横向振动比 T 为6.531%。

如果振动台横向运动方向与加速度计横向灵敏度轴方向已知，但相对方向未知，360° 内合成方差 $\sigma^2=S_v^2\times a_T^2$，其中 S_v 是标准加速度计灵敏度幅值，a_T 是振动台横向加速度。假设两个量未知，横向灵敏度比和振动比是已知的，有 $\sigma_{rel}^2=S_T^2\times T^2$，由横向振动引入的灵敏度幅值误差为 $\sigma_{rel}=S_T\times T=\pm0.021\%$，在误差限内为均匀分布，$k=\sqrt{3}$，则 $u_{rel5}(K_d)=\dfrac{0.021\%}{\sqrt{3}}=0.012\%$。

（6）基座应变引入的标准不确定度分量 $u_{rel6}(K_d)$。根据振动台相关资料，标准加速度计和被校传感器安装产生的基座应变带来的误差估计在 ±0.05% 之内，可以认为是均匀分布，$k=\sqrt{3}$，则 $u_{rel6}(K_d)=\dfrac{0.05\%}{\sqrt{3}}=0.029\%$。

（7）安装参数引入的标准不确定度分量 $u_{rel7}(K_d)$。加速度计在振动台台面的安装力矩和连接电缆固定会产生影响。其中电缆机械固定的影响量与频率成反比。由系统说明书可知，安装参数对传感器灵敏度幅值的影响小于 ±0.05%，可以认为是均匀分布，$k = \sqrt{3}$，则 $u_{\text{rel7}}(K_d) = \dfrac{0.05\%}{\sqrt{3}} = 0.029\%$。

（8）相对运动引入的标准不确定度分量 $u_{\text{rel8}}(K_d)$。根据相关资料，被校传感器和标准加速度计之间的相对运动带来的误差估计在 ±0.05% 之内，可以认为是均匀分布，$k = \sqrt{3}$，则 $u_{\text{rel8}}(K_d) = \dfrac{0.05\%}{\sqrt{3}} = 0.029\%$。

（9）标准加速度计参考灵敏度年稳定度影响而引入的标准不确定度分量 $u_{\text{rel9}}(K_d)$。根据规程 JJG 233—2008《压电加速度计检定规程》要求，标准加速度计的参考灵敏度年稳定度应优于 0.5%。由计量院历年检定证书得到，其参考灵敏度年稳定度优于 ±0.239%，可以认为是均匀分布，$k = \sqrt{3}$，则 $u_{\text{rel9}}(K_d) = \dfrac{0.239\%}{\sqrt{3}} = 0.138\%$。

（10）温度影响引入的标准不确定度分量 $u_{\text{rel10}}(K_d)$。标准加速度计的温度灵敏度优于 ±0.02%/℃，检定规程要求电涡流式位移传感器温度灵敏度优于 ±0.1%/℃，信号分析仪通道温度灵敏度优于 ±0.01%/℃。假设检定规定的环境温度为（20±5）℃，按 ±5℃ 的温度变化量考虑，温度的影响为 $\sqrt{(5 \times 0.02\%)^2 + (5 \times 0.1\%)^2 + (5 \times 0.01\%)^2}$ =0.512%。认为是均匀分布，$k = \sqrt{3}$，则 $u_{\text{rel10}}(K_d) = \dfrac{0.512\%}{\sqrt{3}} = 0.296\%$。

（11）加速度计非线性引入的标准不确定度分量 $u_{\text{rel11}}(K_d)$。在参考条件下，估计加速度计非线性引入的误差小于 0.03%，认为是均匀分布，则 $u_{\text{rel11}}(K_d) = \dfrac{0.03\%}{\sqrt{3}} = 0.017\%$。

（12）电荷放大器非线性引入的标准不确定度分量 $u_{\text{rel12}}(K_d)$。对 B&K 公司生产的电荷放大器，其值一般优于 ±0.1%，估计电荷放大器非线性引入的误差小于 ±0.03%，认为是均匀分布，则 $u_{\text{rel12}}(K_d) = \dfrac{0.03\%}{\sqrt{3}} = 0.017\%$。

（13）振动台磁场引入的标准不确定度分量 $u_{\text{rel13}}(K_d)$。根据 B&K 公司相关资料，振动台磁场引入的误差处于 ±0.03% 之内，认为是均匀分布，则 $u_{\text{rel13}}(K_d) = \dfrac{0.03\%}{\sqrt{3}} = 0.017\%$。

（14）其他环境条件引入的标准不确定度分量 $u_{\text{rel14}}(K_d)$。根据 B&K 公司相关资料，估计由其他环境条件引入的误差处于 ±0.03% 之内，认为是均匀分布，则 $u_{\text{rel14}}(K_d) = \dfrac{0.03\%}{\sqrt{3}} = 0.017\%$。

（15）被检传感器频率响应的偏差引入的标准不确定度分量 $u_{\text{rel15}}(K_d)$。在

20~120Hz 范围内，实测频率响应偏差所引入的幅值测量误差在 ±0.68% 内，认为是均匀分布，$k = \sqrt{3}$，则 $u_{\text{rel}15}(K_d) = \dfrac{0.68\%}{\sqrt{3}} = 0.393\%$。

（16）位移幅值误差引入的标准不确定度分量 $u_{\text{rel}16}(K_d)$。该项误差来源于在 55Hz 参考条件下，不同的振幅下（即不同的位移）灵敏度幅值的非线性误差。实测振动台振幅所引入的幅值测量误差为 -0.21%，认为是均匀分布，$k = \sqrt{3}$，则 $u_{\text{rel}16}(K_d) = \dfrac{0.21\%}{\sqrt{3}} = 0.121\%$。

（17）测量结果重复性引入的标准不确定度分量 $u_{\text{rel}17}(K_d)$。在 20~120Hz 测量范围内，对被检传感器各检定点进行 10 次重复测量，数据如表 3-1 所示。

表 3-1　　　　　　　　　　重复性测量数据

序号	灵敏度（mV/μm）							
	20Hz	40Hz	50Hz	55Hz	60Hz	80Hz	100Hz	120Hz
1	7.6239	7.6656	7.7006	7.6764	7.6695	7.6658	7.6639	7.6499
2	7.6535	7.6770	7.7022	7.6752	7.6750	7.6622	7.6630	7.6517
3	7.6226	7.6877	7.6909	7.6818	7.6814	7.6677	7.6628	7.6521
4	7.6586	7.6779	7.6588	7.6740	7.6685	7.6671	7.6652	7.6507
5	7.6610	7.6839	7.7114	7.6640	7.6764	7.6705	7.6658	7.6519
6	7.7239	7.7659	7.6733	7.6737	7.6757	7.6681	7.6695	7.6534
7	7.7064	7.6952	7.6825	7.6734	7.6769	7.6666	7.6631	7.6483
8	7.6710	7.7006	7.6437	7.6730	7.6837	7.6685	7.6666	7.6499
9	7.7499	7.6678	7.6906	7.6728	7.6735	7.6703	7.6710	7.6546
10	7.7215	7.6754	7.6740	7.6792	7.6764	7.6700	7.6686	7.6497
平均值	7.6792	7.6897	7.6828	7.6744	7.6757	7.6677	7.6660	7.6512
标准偏差	0.044	0.029	0.021	0.005	0.005	0.002	0.003	0.002
重复性（%）	0.570	0.377	0.271	0.061	0.061	0.033	0.038	0.025

从表 3-1 得到灵敏度测量的重复性最大为 0.570%，故取测量结果重复性引入的标准不确定度 $u_{\text{rel}17}(K_d) = 0.570\%$。

（18）电压比测量引入的标准不确定度分量 $u_{\text{rel}}(K_d)$。在 20~120Hz 通频带范围内，各影响量对电压比测量引入的标准不确定度 $u_{\text{rel}}(K_d) = \sqrt{\sum\limits_{i=1}^{n} u_{\text{rel}i}^2(K_d)} = 0.82\%$。

3. 由振动标准套组引入的标准不确定度分量 $u_{rel}(S_1)$

振动标准套组的电荷灵敏度值溯源到国家中频振动基准。根据中国计量院证书，在通频带范围内，相对扩展不确定度为1%，$k=2$，因此标准扩展不确定度分量 $u_{rel}(S_1) = \dfrac{1\%}{2} = 0.5\%$。

（四）合成标准不确定度

根据合成标准不确定度计算公式

$$u_{crel}(S_2) = \sqrt{4u_{rel}^2(f) + u_{rel}^2(K_d) + u_{rel}^2(S_1)} \tag{3-7}$$

代入各标准不确定度分量，得到

$$u_{crel}(S_2) = \sqrt{4u_{rel}^2(f) + u_{rel}^2(K_d) + u_{rel}^2(S_1)} = 0.96\% \tag{3-8}$$

（五）扩展不确定度

扩展不确定度计算公式为 $U_{rel}(S_2) = ku_{crel}(S_2)$，按照 JJG 644—2003《振动位移传感器检定规程》的要求，取包含因子 $k=2$，则相对扩展不确定度 $U_{rel}(S_2) = 1.9\%$。

通过以上分析和论述可知，该电涡流式位移传感器动态灵敏度校准结果的相对扩展不确定度为1.9%，满足检定规程中规定灵敏度校准不确定度3%的要求。通过对传感器动态灵敏度的准确测量和合理评定，为该技术领域的计量检测工作提供了一定的参考价值，进一步保证了电力行业振动量值传递的准确性和可靠性，为发电机组安全、经济地运行提供可靠的技术保障。

 正弦逼近法振动标准套组幅值和相位校准的测量不确定度评定

在热力发电行业，机组和辅机的振动监测一直是机组安全运行的重要环节，振动监测数据与机组经济运行的重要考核指标相关。导致旋转机械振动的主要原因包括转子不对称、转子热弯曲、质量不平衡、动静碰磨、轴承座动刚度低、轴承失稳以及结构共振等因素。现场通常采用工作用测振传感器对其进行实时监测。对于各类工作用测振传感器，以往仅对其灵敏度幅值进行考核，以满足验收试验和工况运行监测。而对长期的状态监测和诊断，掌握振动的矢量信息可有效检测和确定设备的动态状态。如对机组轴系进行动平衡、故障诊断时，应同时测量频率分量的振动相位。振动标准套组作为工作用测振传感器的振动量值传递计量标准器，其灵敏度幅值和相位的测量不确定度，将直接传递给工作用测振传感器，因此准确评定其测量不确定度非常重要。

振动标准套组由参考加速度计和电荷放大器组成，参考加速度计的校准方法主要分为比较法和绝对法。而振动标准套组必须采用绝对法进行校准，这样其才能作为工作用加速度计的传递标准。由于激光干涉绝对法具有非接触、测量准确度、分辨力和灵敏度高等特点。本节采用改进的 Mach–Zehnder 外差激光干涉仪作为测阵装置，信号处理方法采用与国际接轨的正弦逼近法，依据 GB/T 20485.11—2006《振动与冲击传感器校准方法 第 11 部分：激光干涉法振动绝对校准》，分别在参考和通频带条件下，对振动标准套组的灵敏度幅值和相位的测量不确定度进行评估。

（一）系统组成和测量原理

1. 系统组成

检定或校准振动套组的计量标准为绝对法振动幅值和相位标准装置。用于振动套组的灵敏度幅值和相位的测量不确定度评估的正弦逼近法压电加速度计校准系统（见图 3-5）主要由振动激励系统（振动台和功率放大器）、改进 Mach–

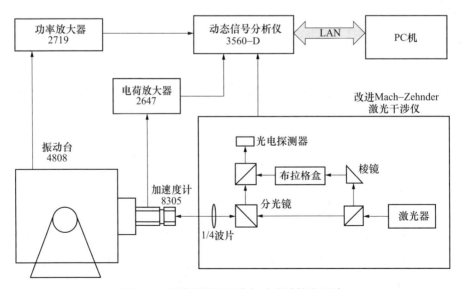

图 3-5　正弦逼近法压电加速度计校准系统

Zehnder 激光干涉仪、采集处理系统（动态信号分析仪和 PC 机）组成，被校振动标准套组型号为 8305/2647，检定或校准频率范围为 20~2000Hz。系统主要技术指标见表 3-2。

表 3-2 　　　　　　　　　　　**振动标准装置主要技术指标**

项目	指标
频率范围（Hz）	20~2000
最大加速度（m/s²）	40
最大速度（m/s）	1.4
最大位移（mm）	12.7
横向振动比（%）	≤ 10
加速度谐波失真（%）	≤ 2

2. 测量原理

激光干涉仪将运动物体表面速度信息通过激光多普勒效应转换成光频率变化信息，经干涉光路至光电转换器件转换成随速度成正比例变化的调频信号，信号采集、处理电路用于解调调频信号，从而给出其速度、位移和加速度的波形测量数据。动态信号分析仪测得从振动标准套组输出的电压信号和从激光干涉仪输出的振动信号，最终得到被校传感器的灵敏度。灵敏度计算式为

$$S_a = \hat{S}_a e^{j(\varphi_u - \varphi_a)} \qquad (3-9)$$

式中：$\hat{S}_a$ 为加速度灵敏度幅值；φ_u 为振动标准套组输出的初相位；φ_a 为振动台台面输出的加速度初相位；$\varphi_u - \varphi_a$ 为复灵敏度相移。

（二）系统数学模型

在振动标准套组校准过程中，有很多因素（加速度计安装因素、加速度波形失真、振动台横向振动以及环境条件和温湿度）会对灵敏度校准引入不确定度。

振动的被测量可认为由 N 个量 $X_1, X_2, \cdots, X_N$ 构成，即

$$Y = f(X_1, X_2, \cdots, X_N) \qquad (3-10)$$

式（3-10）为基于泰勒级数的一阶近似，被测量 Y 的估计值 y 为由各输入量 x_i

按数学模型确定的函数关系 f 计算得到

$$y = f(x_1, x_2, \cdots, x_N)$$ （3-11）

根据不确定度传播率通用公式，确定合成标准不确定度 u_c，并将其作为 Y 的测量标准不确定度。

$$u_c(y) = \sqrt{\sum_{i=1}^{N}\left(\frac{\partial f}{\partial x_i}\right)^2 u^2(x_i) + 2\sum_{i=1}^{N=1}\sum_{j=i+1}^{N}\frac{\partial f}{\partial x_i}\frac{\partial f}{\partial x_j}u(x_i, x_j)}$$ （3-12）

式中：$\frac{\partial f}{\partial x_i}$ 为灵敏度系数 c_i。

由于各输入量之间独立无关，c_i 的绝对值为 1，由函数误差理论可得

$$u_c^2(y) = \sum_{i=1}^{N}u_i^2(x_i)$$ （3-13）

（三）参考条件下灵敏度幅值和相位的不确定度

在参考条件下（频率为 160Hz，加速度为 10m/s^2），对标准振动套组灵敏度幅值和相移测量不确定度进行分析，取包含因子 $k=2$，用 $u_{\text{rel}i}$ 和 $u_i(\Delta\varphi)$ 分别表示灵敏度幅值和灵敏度相位的标准不确定度分量。

1. 标准不确定度分量

（1）输出电压测量引入的标准不确定度分量 $u_{\text{rel}1}$ 和 $u_1(\Delta\varphi)$。本系统信号的采集和处理部分采用丹麦 B&K 公司的 PULSE 3560-D 型动态信号分析仪。该分析仪输入电压幅值和相位测量的不确定度优于 0.3% 和 $0.2°$，$k=2$，则有 $u_{\text{rel}1} = \frac{0.3\%}{2} = 0.15\%$，$u_1(\Delta\varphi) = \frac{0.2°}{2} = 0.1°$。

（2）电压滤波引入的标准不确定度分量 $u_{\text{rel}2}$ 和 $u_2(\Delta\varphi)$。动态信号分析仪会对振动标准套组输出的电压信号进行滤波去噪声处理。电压滤波引入的灵敏度幅值误差为 ±0.01%，在分量 1 中包含相位误差，且认为其为均匀分布，$k = \sqrt{3}$，则有 $u_{\text{rel}2} = \frac{0.01\%}{\sqrt{3}} = 0.006\%$。

（3）加速度失真引入的标准不确定度分量 $u_{\text{rel}3}$ 和 $u_3(\Delta\varphi)$。振动台波形失真是由功率放大器的非线性所致，失真的结果是使放大器输出产生了原激励信号中没有的谐波分量，使得振动台不能产生标准正弦运动。实测 160Hz 处振动台的加速度失真度为 0.354%，其带给电压测量的幅值误差为 $\pm\frac{0.00354}{9\sqrt{1-0.00354^2}} = \pm0.039\%$，

相位误差为 ±0.01°，且认为其为均匀分布，$k = \sqrt{3}$，则有 $u_{rel3} = \dfrac{0.039\%}{\sqrt{3}} = 0.023\%$，$u_3(\Delta\varphi) = \dfrac{0.01°}{\sqrt{3}} = 0.006°$。

（4）横向振动引入的标准不确定度分量 u_{rel4} 和 $u_4(\Delta\varphi)$。由 JJG 233—2008《压电加速度计检定规程》和出厂说明书可知，标准加速度计最大横向灵敏度比 S_T 不大于 2%，振动台横向振动比 T 不超过 10%。在参考条件下（频率为 160Hz，加速度为 10m/s²），实测 T 为 6.53%。如果振动台横向运动方向及加速度计横向灵敏度轴方向已知，相对方向未知，则 360° 内合成方差 $\sigma^2 = S_v^2 \times a_T^2$。其中：$S_v$ 为标准加速度计灵敏度幅值；a_T 为振动台横向加速度。假设 S_v、a_T 未知，横向灵敏度比和振动比已知，则有 $\sigma_{rel}^2 = S_T^2 \times T^2$，由横向振动引入的灵敏度幅值误差为 $\sigma_{rel} = S_T \times T = \pm 0.131\%$。由出厂说明书可知，相位误差优于 ±0.1°，横向灵敏度比和振动比为均匀分布，$k = \sqrt{3}$，则有 $u_{rel4} = \dfrac{0.131\%}{\sqrt{9}} = 0.044\%$，$u_4(\Delta\varphi) = \dfrac{0.1°}{\sqrt{9}} = 0.033°$。

（5）干涉仪正交输出信号扰动引入的标准不确定度分量 u_{rel5} 和 $u_5(\Delta\varphi)$。该分量误差源于偏移、电压幅值偏差以及与 90° 名义角度差的偏差。由于该系统采用外差激光干涉仪，因此认为由声光调制器产生的正交信号无 90° 名义角度偏差。其中，干涉仪信号的漂移对灵敏度幅值和相位带来的误差小于 ±0.05% 和 ±0.05°，为均匀分布，$k = \sqrt{3}$，$u_{rel6} = \dfrac{0.05\%}{\sqrt{3}} = 0.029\%$，$u_5(\Delta\varphi) = \dfrac{0.05°}{\sqrt{3}} = 0.029°$。

（6）激光干涉仪信号滤波引入的标准不确定度分量 u_{rel6} 和 $u_6(\Delta\varphi)$。在振动标准装置中激光干涉仪采用的光电探测器带宽最大为 5MHz，滤波的影响较小，其灵敏度幅值和相位误差包含在分量 5 中。

（7）光电测量回路中的随机噪声引入的标准不确定度分量 u_{rel7} 和 $u_7(\Delta\varphi)$。随机噪声主要源于电源的交流声和干涉仪光路的热漂移等，由计量院检定证书可知，中频振动台系统的台面加速度信噪比为 73.62dB，由噪声引入的灵敏度幅值和相位误差优于 ±0.05% 和 ±0.05°，为均匀分布，则有 $u_{rel7} = \dfrac{0.05\%}{\sqrt{3}} = 0.029\%$，$u_7(\Delta\varphi) = \dfrac{0.05°}{\sqrt{3}} = 0.029°$。

（8）干扰运动引入的标准不确定度分量 u_{rel8} 和 $u_8(\Delta\varphi)$。干扰运动源于偏离振动方向的摆动，使得加速度计反射平面与干涉仪测量光电之间产生相对运动。由技术资料可知被校加速度计反射面与干涉仪测量光点之间相对运动产生的灵敏度幅值误差约在 ±0.1% 内，相位误差为 0°，为均匀分布，$k = \sqrt{3}$，则有 $u_{rel8} = \dfrac{0.1\%}{\sqrt{3}} = 0.058\%$，

$u_8(\Delta\varphi) = 0°$。

（9）相位扰动引入的标准不确定度分量 u_{rel9} 和 $u_9(\Delta\varphi)$。电源工频干扰、环境气流扰动、功放热噪声以及干涉仪基座热平衡过程中产生的动态相位噪声等都会造成正交激光信号相位扰动。由出厂说明书可知灵敏度幅值误差在 $\pm0.05\%$，相位误差 $\pm0.05°$，为均匀分布，$k = \sqrt{3}$，则有 $u_{rel9} = \dfrac{0.05\%}{\sqrt{3}} = 0.029\%$，$u_9(\Delta\varphi) = \dfrac{0.05°}{\sqrt{3}} = 0.029°$。

（10）其他干涉效应引入的标准不确定度分量 u_{rel10} 和 $u_{10}(\Delta\varphi)$。由出厂说明书可知，激光干涉仪的残余干涉见表3-3。得到残余干涉效应引入的灵敏度幅值误差为 $\pm0.05\%$，相位误差为 $\pm0.05°$，为均匀分布，$k = \sqrt{3}$，$u_{rel10} = \dfrac{0.05\%}{\sqrt{3}} = 0.029\%$，$u_{10}(\Delta\varphi) = \dfrac{0.05°}{\sqrt{3}} = 0.029°$。

表3-3　　　　　　　　　　　　激光干涉仪残余干涉

组成部分	灵敏度幅值误差（%）
入射光反射光不重合	0.001
运动干涉	0.05
空气温度变化3℃	0.0004
激光光线的变化	0.0002
总计	0.050

（11）频率测量引入的标准不确定度分量 u_{rel11} 和 $u_{11}(\Delta\varphi)$。由分析仪的出厂说明书可知，分析仪的3110型输入/输出模块的频率精度为 $\pm0.0025\%$，为均匀分布，$k = \sqrt{3}$，则有 $u_{rel11} = \dfrac{0.0025\%}{\sqrt{3}} = 0.001\%$，$u_{11}(\Delta\varphi) = 0°$。

（12）测量重复性引入的标准不确定度分量 u_{rel12} 和 $u_{12}(\Delta\varphi)$。在20~2000Hz范围内，对振动标准套组的频率响应进行测试，进行10次重复测量，选择160Hz为参考点，得到灵敏度幅值单次测量值标准偏差相对值为 $\pm0.004\%$，灵敏度相位标准偏差为 $\pm0.001°$。考虑到在重复性测量时其他随机的影响，取灵敏度幅值和相位误差分别为 $\pm0.05\%$ 和 $\pm0.05°$，为均匀分布，$k = \sqrt{3}$，则有 $u_{rel12} = \dfrac{0.05\%}{\sqrt{3}} = 0.029\%$，$u_{12}(\Delta\varphi) = \dfrac{0.05°}{\sqrt{3}} = 0.029°$。

2. 合成标准不确定度

灵敏度幅值为

$$u_{c,rel}(S) = \sqrt{\sum_{i=1}^{n}\left[u_{reli}(y)\right]^2} = 0.180\%$$

灵敏度相位为

$$u(\triangle\varphi) = \sqrt{\sum_{i=1}^{n}\left[u_i(\triangle\varphi)\right]^2} = 0.124°$$

3. 扩展不确定度

按照 GB/T 20485.11—2006《振动与冲击传感器校准方法　第 11 部分：激光干涉法振动绝对校准》的要求，取包含因子 $k=2$，得到被校振动标准套组灵敏度幅值和相位的扩展不确定度为

$$U_{rel}(S) = k \times u_{c,rel}(S) = 0.360\%$$

$$U(\triangle\varphi) = k \times u(\triangle\varphi) = 0.248°$$

取有效数字两位，则有 $U_{rel}(S) = 0.36\%$，$U(\triangle\varphi) = 0.25°$。

（四）通频带灵敏度幅值和相位的不确定度

在 20~2000Hz 范围内，对标准振动套组灵敏度幅值和相位的测量不确定度进行分析，取包含因子 $k=2$。

1. 标准不确定度分量

（1）由参考条件下得出的灵敏度幅值不确定度引入的标准不确定度分量 u_{rel1} 和 $u_1(\triangle\varphi)$。在参考条件下得到灵敏度幅值和相位的相对不确定度为 0.360% 和 0.248°，$k=2$，则有标准不确定度分量为 $u_{rel1} = \dfrac{0.360\%}{2} = 0.180\%$，$u_1(\triangle\varphi) = \dfrac{0.248°}{2} = 0.124°$。

（2）振动标准套组频率响应偏差引入的标准不确定度分量 u_{rel2} 和 $u_2(\triangle\varphi)$。在 20~2000Hz 范围内，对振动标准套组进行频率响应测试。测得其灵敏度幅值误差最大为 ±0.15%，相位误差为 ±0.58°，为均匀分布，$k = \sqrt{3}$，则有 $u_{rel2} = \dfrac{0.15\%}{\sqrt{3}} = 0.087\%$，$u_2(\triangle\varphi) = \dfrac{0.58°}{\sqrt{3}} = 0.335°$。

（3）信号漂移引入的标准不确定度分量 u_{rel3} 和 $u_3(\triangle\varphi)$。该项标准不确定度分量源于系统各模块通道间信号的漂移。参考设备技术文档，得到信号漂移引入的灵敏

度幅值误差见表 3-4。灵敏度幅值合成误差为 ±0.061%，估计相位误差为 ±0.05°，为均匀分布，$k = \sqrt{3}$，则有 $u_{\mathrm{rel3}} = \dfrac{0.061\%}{\sqrt{3}} = 0.035\%$，$u_3(\Delta\varphi) = \dfrac{0.05°}{\sqrt{3}} = 0.029°$。

表 3-4   信号漂移引入的灵敏度幅值误差

项目	灵敏度幅值误差（%）
激光干涉仪输出	0.05
信号分析仪通道	0.017
振动标准套组输出	0.03
总计	0.061

（4）振幅对振动标准套组灵敏度幅值的影响引入的标准不确定度分量 u_{rel4} 和 $u_4(\Delta\varphi)$。该标准不确定度分量源于在 160Hz 条件下，在不同的加速度下灵敏度幅值的非线性误差。实测由振动台振幅所引入的灵敏度幅值和相位测量误差小于 ±0.08% 和 ±0.012°，为均匀分布，$k = \sqrt{3}$，则有 $u_{\mathrm{rel4}} = \dfrac{0.08\%}{\sqrt{3}} = 0.046\%$，$u_4(\Delta\varphi) = \dfrac{0.012°}{\sqrt{3}} = 0.007°$。

（5）振动标准套组灵敏度幅值和相位的年稳定度引入的标准不确定度分量 u_{rel5} 和 $u_5(\Delta\varphi)$。经过实验考核，得到该振动标准套组灵敏度幅值和相位的年稳定度优于 ±0.5% 和 ±0.03°，为均匀分布，$k = \sqrt{3}$，则有 $u_{\mathrm{rel5}} = \dfrac{0.5\%}{\sqrt{3}} = 0.289\%$，$u_5(\Delta\varphi) = \dfrac{0.03°}{\sqrt{3}} = 0.017°$。

（6）环境温度引入的标准不确定度分量 u_{rel6} 和 $u_6(\Delta\varphi)$。根据 JJG 233—2008《压电加速度计检定规程》，采用绝对法校准温度应保证在 23℃±3℃ 下的由丹麦 B&K 公司 3629 系统说明书得到的温度引起的灵敏度幅值误差见表 3-5。灵敏度幅值合成误差为 ±0.153%，估计相位误差为 ±0.1°，为均匀分布，$k = \sqrt{3}$，则有 $u_{\mathrm{rel6}} = \dfrac{0.153\%}{\sqrt{3}} = 0.088\%$，$u_6(\Delta\varphi) = \dfrac{0.1°}{\sqrt{3}} = 0.058°$。

表 3-5   温度在 23℃±3℃ 下的灵敏度幅值误差

项目	灵敏度幅值误差（%）
被校加速度计（＜0.05%/℃）	0.15
分析仪通道跟踪（＜0.01%/℃）	0.03
总计	0.153

（7）安装参数对传感器灵敏度幅值的影响引入的标准不确定度分量 u_{rel7} 和 $u_7(\Delta\varphi)$。加速度计在振动台台面的安装力矩和连接电缆固定会产生影响。其中，电缆机械固定的影响量与频率成反比。由该系统说明书可知，在 20~10000Hz 频率范围下，安装参数对传感器灵敏度幅值和相位的影响小于 $\pm0.05\%$ 和 $\pm0.05°$，$k=\sqrt{3}$，为均匀分布，则有 $u_{rel7}=\dfrac{0.05\%}{\sqrt{3}}=0.029\%$，$u_7(\Delta\varphi)=\dfrac{0.05°}{\sqrt{3}}=0.029°$。

2. 合成标准不确定度

灵敏度幅值为

$$u_{c,rel}(S)=\sqrt{\sum_{i=1}^{n}[u_{reli}(y)]^2}=0.368\%$$

灵敏度相位为

$$u(\Delta\varphi)=\sqrt{\sum_{i=1}^{n}[u_i(\Delta\varphi)]^2}=0.365°$$

3. 扩展不确定度

按照 GB/T 20485.11—2006《振动与冲击传感器校准方法　第11部分：激光干涉法振动绝对校准》的要求，取包含因子 $k=2$，得到被校振动标准套组灵敏度幅值和相位测量的相对扩展不确定度为

$$U_{rel}(S)=k\times u_{c,rel}(S)=0.736\%$$

$$U(\Delta\varphi)=k\times u(\Delta\varphi)=0.730°$$

取 2 位有效数字，得到 $U_{rel}(S)=0.74\%$，$U(\Delta\varphi)=0.73°$。

通过分析计算可知，本节评定给出的振动标准套组灵敏度校准结果的测量不确定度优于 GB/T 20485.11—2006 灵敏度幅值和相位测量扩展不确定度 0.5%，0.5°（参考点）和 1%，1°（通频带）的要求。其中，通过对灵敏度相位的准确测量和合理评定，进一步保证了振动量值传递的准确性和可靠性，从而可提高发电机组轴系的状态监测和故障诊断的精准性，为发电机组安全、稳定地运行提供可靠的技术保障。

第4节
新技术案例探讨

一　**一种 LVDT 位移测量仪表的校准**

LVDT（linear variable differential transformer）是线性可变差动变压器的缩写，属于直线位移传感器，在电力行业，LVDT 位移传感器或仪表主要用于大型汽轮机缸体热膨胀以及进汽调节阀门开启位置的测量。

根据调研，目前国内计量检测机构和发电企业的热工计量实验室尚不具备专门进行 LVDT 位移测量仪表计量检测的技术手段，以及合适的计量标准器。而且，现行的检定规程和技术规范也尚不能完全满足该类型仪表的检定和校准。下文主要针对一种 LVDT 位移测量仪表的校准方法进行叙述。

（一）LVDT 传感器测量原理

1. LVDT 传感器的结构和特点

电感式传感器的种类很多，根据转换原理区分，可分为自感式和互感式，自感式利用线圈的电感随被测量变化而变化的原理，互感式则是利用一、二次绕组间的互感随被测量而变化。一般将自感式传感器称为电感式传感器，互感式传感器是利用变压器原理，往往做成差动式，故常称为差动变压器。互感式传感器本身是互感系数可变的变压器，当一次绕组接入激励电压后，二次绕组将产生感应电压输出，互感变化时，输出电压将作相应的变化，一般这种传感器的二次绕组有两个，为了提高传感器的灵敏度，改善其线性度，增大其线性范围，设计时将两个线圈反向串联，即接线是差动的。

其原理是当铁芯受到磁杆伸缩沿其内部移动时，一次侧绕组与两个二次侧绕组之间的互感将发生变化。当给一次侧绕组提供交流电压时，铁芯的位置的变化就会引起串联的两个二次侧绕组之间感应的电压之差的变化。通过测量电压差就可以确定磁杆的移动量，目前常见的有以下三种构造形式：

（1）一组二次侧绕组，二次侧绕组的非同名端与一次侧绕组共用，总共 3 根输入 / 输出引线，如图 3-6 所示。

（2）两组二次侧绕组，其两个非同名端共用一根引线，总共 5 根输入 / 输出引线，如图 3-7 所示。

（3）两组二次侧绕组，每个绕组各自引出两根引线，总共 6 根输入 / 输出引线，如图 3-8 所示。

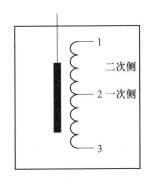

图 3-6　三线制

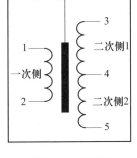

图 3-7　五线制

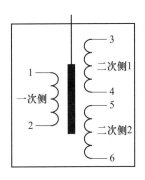

图 3-8　六线制

2. LVDT 位移传感器的特点

电感位移传感器建立在电磁感应基础上，利用线圈互感的改变来实现非电量的检测。它可以把输入物理量如位移、振动、压力、应变等参数，转换为线圈的互感系数的变化，而互感系数的变化在测量电路中又转换为电压的变化。其可以实现信号的远距离传输、显示和控制，在航空航天、石油化工、能源电力等许多领域得到广泛应用，特别是在一些大范围、高精度测量方面比其他类型的位移传感器更具有优势，尤其适合测量伸长、厚度、膨胀等位移参数。电感位移传感器与其他传感器相比具有如下特点：

（1）灵敏度高、分辨力大、测量精度高。

（2）传感器的输出信号强，功率大，有利于信号的传输。电感式传感器检测到的位移信号与高频载波叠加，其功率较大，传输距离较长。

（3）重复性好，在其线性范围内，差动变压器式传感器的特性几乎完全是线性的，而且比较稳定。

（4）抗干扰能力强，环境适应性好，可在强磁场等恶劣环境下工作。由于输出信号是高频信号，不易受到外界低频干扰信号的影响。

（5）坚固耐用，制造 LVDT 所用的材料以及接合这些材料所用的工艺使其成为坚固耐用的传感器。

由于 LVDT 传感器应用的广泛性和重要性，为了保证传感器的计量性能，对其进行准确有效的检定和校准则显得尤为重要，下文针对一种 LVDT 位移传感器的校准从计量标准、测量原理、校准方法三个方面进行叙述。

（二）计量标准器

针对 LVDT 位移测量仪表的校准，主要由位移测量和与之对应的仪表输出测量两部分组成。

1. 位移测量

一般针对几十毫米范围内的位移测量，多采用标准量块、位移静校器、千分表等作为标准器，本次校准采用的标准器为日本三丰的数显千分表（配合相应的组装夹具），测量范围为 0~50mm，分辨力为 0.001mm，量程范围内最大允许误差 $MPE= \pm 0.005$mm。其具有使用方便、测量精度高、响应速度快等特点。

2. 仪表输出测量

对于 LVDT 位移测量仪表输出信号的测量，根据被校仪表的信号输出方式的不同来选择。常见的 LVDT 位移测量仪表主要分为位移输出型和电压输出型（交 / 直流）两类，位移输出型为指示类仪表，直接从传感器指示部分处进行读数，此类型仪表可依据长度类技术规范进行校准；电压输出型则采用数字多用表测量其电压输出。

校准采用的被校仪表为美国本特利 24765-02-01 型，之所以选择该型号仪表是因为其技术要求和指标与 JJG 644—2003《振动位移传感器检定规程》最为贴近，其输入输出均为直流电压，易于测量和控制，测量范围为 –25~25mm，由出厂说明书可知，其在供电为 15V DC 时，灵敏度为 2.3V/mm。

（三）测量原理与校准方法

1.测量原理

将仪表安装在固定位置上（基座），用仪表固定螺钉（或配套夹具）将其固定。仪表活动铁芯的测头顶在活动端面上，活动端面另一端与数显千分表连接，数显千分表通过夹具固定在基座上，千分表一端配有调节手轮，通过旋转手轮使得活动端面产生位移，因为仪表测头与活动端面弹性接触，从而使得活动端面可以带动仪表测头产生位移变化。

随位移量改变，仪表会输出与之呈线性关系的电压值，用数字多用表测量仪表的输出电压，同时用数显千分表记录与该电压值相对应的位移量，依据JJG 644—2003《振动位移传感器检定规程》，得到相关技术指标。

2.校准方法

检定规程中对于电感式传感器校准方法如下：在传感器的测量范围内，通过旋转手轮产生位移量，读取数显千分表测得的标准位移值 L_i 和各校准点上传感器的输出电压值 U_i。包括上、下限共选择 11 个点，以正反两个行程为一个测量循环，一共测量 3 个循环共 6 组测量值。依据检定规程，确定其灵敏度、线性度、重复性等技术指标，其中，LVDT 传感器依据电感式传感器指标考核，校准原理图如图 3-9 所示。

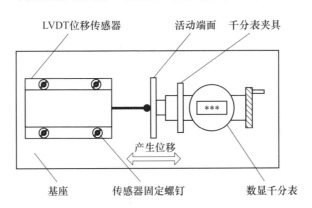

图 3-9　LVDT 位移测量仪表校准原理图

3.校准结果

被校仪表测量范围为 –25~25mm，实际测量选择测量范围为 –20~20mm，测量数据如表 3-6 所示。

表 3-6 测量数据

标准位移（mm）	第一次		第二次		第三次	
	上行程电压（V）	下行程电压（V）	上行程电压（V）	下行程电压（V）	上行程电压（V）	下行程电压（V）
20	4.535	4.532	4.532	4.518	4.518	4.521
16	3.658	3.636	3.641	3.628	3.632	3.630
12	2.742	2.731	2.735	2.728	2.727	2.728
8	1.836	1.830	1.828	1.819	1.821	1.819
4	0.916	0.915	0.918	0.911	0.911	0.912
0	0.002	0.003	0.000	0.003	−0.004	−0.006
0	0.005	0.004	0.000	0.003	−0.003	−0.005
−4	−0.902	−0.904	−0.906	−0.910	−0.910	−0.908
−8	−1.798	−1.799	−1.800	−1.802	−1.802	−1.802
−12	−2.683	−2.690	−2.691	−2.696	−2.694	−2.695
−16	−3.574	−3.575	−3.578	−3.578	−3.580	−3.581
−20	−4.445	−4.445	−4.454	−4.454	−4.459	−4.459

依据 JJG 644—2003《振动位移传感器检定规程》，对被校仪表的线性度、重复性、回程误差以及灵敏度校准的不确定度等进行考核。其中灵敏度校准不确定度通过对测量结果进行不确定度评定得到，这里不做详细叙述，其他检定项目均依据检定规程，测量结果和技术指标如表 3-7 所示。

表 3-7 测量结果

项目	测量值（%）	要求值（%）
灵敏度校准不确定度	0.10	1.0
幅值重复性	0.19	0.4
幅值线性度	−0.37	± 0.5
回程误差	0.14	0.4
零值误差	0.07	0.5

由以上测量结果可知，该仪表计量性能合格，同时也验证了该校准方法的适用性，验证了 LVDT 位移测量仪表校准装置的适用性和可靠性。

通过对一种 LVDT 位移测量仪表的校准，根据以上测量结果，验证了该测量方法的适用性和可行性，为该类型仪表的检定与校准提供了参考。但也发现了该类仪表校准中存在的问题：

（1）以数显千分表作为计量标准存在测量范围的局限性，由于 LVDT 位移测量仪表的测量范围有的可到几百毫米，千分表的量程最大为 50mm，而标准量块则难以实现快速连续测量，对于较大位移量程仪表的校准，目前则缺乏合适的标准器。

（2）LVDT 位移测量仪表的类型、机械封装结构和外形尺寸以及输入 / 输出接线方式等繁杂，传感器的应用场所各不相同，其输出信号也各不相同，导致其计量性能的多样性，而目前现有的检定规程尚不能完全满足该类传感器的检定工作。

二 汽轮机监视仪表系统校准方法

汽轮机监视仪表（turbine supervisory instrument，TSI）用来监测汽轮发电机组以及风机和水泵辅机设备的机械运行参数，是汽轮发电机组及主要辅机设备的重要保护系统。作为汽轮发电机组最重要的保护系统之一，汽轮机监视仪表（TSI）系统的机械运行参数一直是汽轮机和热工专业技术监督的重要考核指标或监督内容。多年来，电力行业针对 TSI 传感器的检定或校准颁布了相关的标准或要求。例如要求传感器强制送检。《防止电力生产事故的二十五项重点要求（2023 版）》（国能发安全〔2023〕22 号）9.4.2 条款，检修机组启动前或机组停运 15 天以上，应对机、炉主保护及其他重要热工保护装置进行静态模拟试验，检查跳闸逻辑、报警及保护定值。热工保护联锁试验中，应采用现场信号源处模拟试验或物理方法进行实际传动。但由于发电企业受限于计量标准建标和量值传递、标准计量器购置和实验室建设、计量人员取证等客观因素；热控人员对 TSI 系统知识的了解和掌握深度尚显不足；业内暂无对 TSI 信号测量回路进行定期检测要求的主观因素影响；目前对 TSI 系统的检验仍停留在传感器强制送检层面。

（一）汽轮机监视仪表系统校准的目的

TSI 系统测量的是旋转机械的机械量参数。每种机械量参数的测量回路，由相应的测量模块及与之匹配的传感器组成。TSI 输出数据的监视（显示）终端在操作员（或工程师）站画面。由于 TSI 测量信号的始端为传感器，终端为显示画面，因此，要使在终端画面上显示的 TSI 参数准确、可信，仅对传感器进行实验室检定是不够的，还应在现场从信号始端到信号终端，对 TSI 系统的每个测量回路进行系统性校准。实验室检定只能认定传感器的计量性能是否合格，保证 TSI 系统使用的是合格的传感器，符合相关规定的要求；但其安装工艺是否符合规定，相关二次接线是否连接正确，测量模块信号转换是否正确，TSI 输出回路连线是否正确，汽轮机数字电液控制系统（DEH）或集散控制系统（DCS）AI 通道工作是否正确，DEH 组态是否正确，只能通过现场各个回路的精确校准，才能全面、客观地评价系统的测量准确性和可靠性。

（二）汽轮机监视仪表系统校准的内容

在实验室检定传感器的基础上，针对 TSI 系统性校准，提出了便于操作、测量方法科学、准确度达标、测量结果直观的校准方法，即实验室检定和现场校准相结合的方法。既保证了传感器计量性能指标合格，又保证了每个测量回路的准确性、测量参数（或逻辑）设置的合理性，从而保障机组安全经济运行。同时，通过建立被检传感器和测量模块检定结果的数据库，可预判 TSI 系统所用传感器和测量模块的性能变化，提出与机组检修相适应的检定（或校准）周期以及计量校准技术指标；在满足机组 TSI 系统考核指标的同时，达到减少备品备件、节约检修成本的目的。同时，利用现场校准数据库，可分析判断机组检修前后设备运行状态的变化，为热控（或运行）人员适量调整运行参数提供可靠支持。TSI 系统的校准包含以下三方面内容。

1. 实验室检定或校准

将拆解后的各类传感器送至振动标准实验室进行检定或校准，评判其计量特性（灵敏度、频响、线性）是否合格，是否可以继续用于 TSI 系统。其主要为定量分析，出具书面检定证书存档备查，为后续 TSI 系统回路的校准提供必要条件。通过实验室的检定或校准，判断被检传感器是否合格，其计量性能是否满足 TSI 系统的测量准确性要求，是否能在相应的机械量测点继续使用。实验室检定可涵盖主机、给水泵汽轮机（汽动或电动给水泵）、主要风机以及凝结水泵等大型旋转机械的机械量测量传感器的检定或校准。检定方法依据相关检定规程，在此不做详细介绍。各种传感器实验室检定或校准方法如下：

（1）振动传感器。TSI 系统振动传感器通常包含轴振传感器和瓦振传感器，依据 JJG 644—2003《振动位移传感器检定规程》、JJG 134—2023《磁电式速度传感器检定规程》。

实验室采用的计量标准为"比较法中频振动标准装置"，测量不确定度 U_r 为：160Hz，U_r=1.0%（k=2）；20~2000Hz，U_r=2.0%（k=2），k 为包含因子。测量原理如图 3-10 和图 3-11 所示，被检对象分别为轴振传感器（非接触式）和瓦振传感器（接触式）。

（2）位移传感器。TSI 系统位移传感器通常包括非接触式的轴位移传感器和胀差传感器，依据 JJG 644—2003《振动位移传感器检定规程》检定。使用的计量标准器为电涡流传感器静态自动校准装置，最大允许误差为 ±10μm，测量原理如图 3-12 所示。

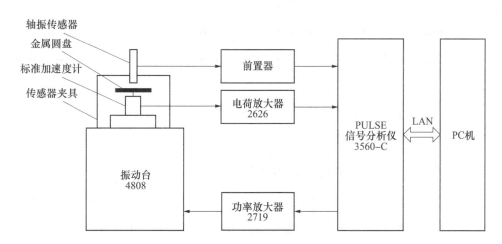

图 3-10　轴振传感器检定和校准系统

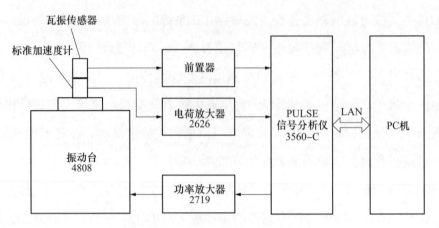

图 3-11　瓦振传感器检定和校准系统

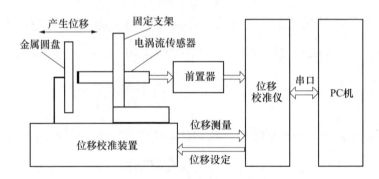

图 3-12　静态位移传感器检定和校准系统

缸体热膨胀传感器目前多采用 LVDT（linear variable differential transformer）传感器，该类传感器的计量采用专用的校准装置进行。

（3）转速传感器。转速传感器的检定和校准依据 JJG 105—2019《转速表》。采用的计量标准为转速标准装置，测量不确定度 $U_r=5 \times 10^{-5}$（$k=3$），测量原理如图 3-13 所示。

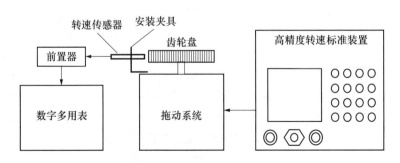

图 3-13　转速传感器检定和校准系统

2.现场校准

经过实验室检定确认合格的传感器，在所测量的机械设备现场，重新连接到相应测量通道的信号源头，利用真实物理量对 TSI 系统的每个测量回路进行校准。校准结果评定指标依据 DL/T 656—2016《火力发电厂汽轮机控制及保护系统验收测试规程》。该标准规定了火电厂汽轮机（包括给水泵汽轮机）监视和保护系统验收技术要求（见表 3-8）。这里需要强调的是，不合格的传感器不允许使用，不能参与系统回路的校准，必须更换经检定合格的传感器，此举是为了保证系统回路校准结果的真实有效性。

表 3-8 　　　　　　　　　　　TSI 系统技术指标

系统测试项目	最大允许误差
轴位移、胀差（%）	±3
振动（%）	±3
偏心、键相（%）	±3
转速、零转速（r/min）	±1
缸胀（%）	±3

TSI 系统现场校准既包含对每个测量回路的定量分析，也包含定性分析。定量分析是计算每个回路的测量误差是否符合系统性计量评定要求；定性分析是通过系统性测试，发现回路中每个信号传输与转换环节中可能存在的错误或缺陷，并有针对性地进行排查、消除隐患，避免在 TSI 系统投入运行后，引发机组重大安全事故。通过对每个测量回路的校准，能为热控或运行人员提供真实可信的机械量测量数据，为制定检修方案、整定参数和优化控制提供可靠依据。

TSI 系统现场校准包括从传感器到 TSI 监测模块回路（包含模块内参数设置）以及 DEH 模拟量输入通道，直至软件组态的全程整体校准和各项报警、保护功能测试工作。首先，通过对传感器和 TSI 系统的校准，确保 TSI 系统的测量准确度、模块内各种参数设置的合理性；其次，测量模块输出的模拟信号经 DEH 接收并处理后能否在操作员（工程师）站画面上显示与 TSI 一致的数据；而输出的开关量信号，即报警、跳机动作信号，是否能正确送到汽轮机跳闸保护系统（ETS），并在

ETS 上发出准确、可靠的动作指示。这样就确保了对汽轮机、风机等机械运行参数的监测准确、保护动作可靠。

TSI 系统现场校准的方法为比较法：由传感器输入端施加高准确度的真实物理量值，与操作员画面显示值相比较。整个测试过程回路包括真实物理量输入、传感器、前置器、二次接线回路、TSI 模块（或相应仪表）、DEH（MEH）系统、工程师（操作员）站画面显示。该测量过程的信号转化过程：传感器输入的真实物理量，线性输出相应的电信号（电压、电流），电信号被送到 TSI 测量模块或其他二次仪表，经放大、整形、滤波、运算等相关处理，最终以物理量的形式显示，输出信号至 DEH 和 ETS，操作员画面显示物理量数据，ETS 显示开关量动作状态。TSI 系统的现场校准过程如图 3-14 所示。

图 3-14　TSI 系统现场校准过程

在整个测试回路中设置几个数据采集点，同时记录信号源的标准物理量、传感器输出电压、测量模块输出物理量以及操作员站画面上显示的物理量等。标准物理量为基准，中间环节中数据采集点的数据与基准不符，表明此前的信号传输、转换存在问题。最终将在 DCS 画面记录被测通道显示值，并与标准信号源给定的标准值进行比较，即可得到该通道测量回路的示值误差。

在对 TSI 系统测量回路校准的同时，对报警和停机设定值进行测试，核定报警和停机接点输出信号的准确性，发现异常的显示参数，及时进行分析和处理。

3.汽轮机监视仪表系统校准数据库

TSI 系统校准数据库由传感器检定数据库和现场校准数据库组成。

（1）传感器检定数据库。以电厂的发电机组为单元，建立 TSI 系统各类传感器和测量模块等检定或校准数据库，利用累积的实验数据，分析各种型号的传感器和测量模块的稳定性、可靠性和准确性。

通过对传感器和测量模块检定合格率的统计分析，结合其使用情况和 TSI 系统考核要求，依据相关标准规定的仪器仪表可靠性分析方法，对传感器和测量模块的使用寿命和可靠性进行分析，可为传感器和测量模块的选型及备品备件的储备提供参考和有效管理。结合机组大修周期的实际需求，通过收集稳定、真实的试验数据，为制定符合发电机组实际运行需要的传感器校准周期的相关标准提供数据支持，解决目前国家检定规程或校准规范与发电机组实际运行不相适应的问题，同时达到减少备品备件、节约检修成本的目的。

（2）现场校准数据库。该数据库可作为分析判断传感器或测量模块性能是否改变的依据，为热控技术人员进行模块参数设置或优化提供可靠支持。也可结合机组的其他运行参数，为机务的检修工作提供参考。

（三）汽轮机监视仪表系统校准实例分析

通过 TSI 系统实验室检定和现场校准，可帮助现场热控人员找出传感器、测量模块及整个回路内可能存在的问题和隐患。检定和校准中 TSI 系统常见问题如下。

1. 实验室检定或校准实例分析

某机组风机瓦振传感器检定过程中，在 20~120Hz 范围内，发现部分传感器在低频段（20Hz 频点处）超差，其余测量点均合格，由于该传感器不可调校，所以，按规定应停止使用。

一般来说，在传感器频率范围的上下两端误差最大，避开超差的频率，在合格频率范围内传感器是准许使用的。20Hz 为风机的常用频率，主机的常用频率为 50Hz。建议在现场实际条件允许的情况下，可将该传感器换至主机处使用，这样避免由于在一个频点处指标超差而引起误跳机，同时为电厂节约了成本。

鉴于风机类设备的工作频率较低，建议电厂分批次、有计划地逐步替换一些振动频率较低的传感器，以提高振动测量的准确性。

2. 现场校准实例分析

TSI 系统回路进行现场校准时常发现系统存在显示值异常和超差、显示缺失、回路不通等问题，对这些问题产生的原因和解决分类如下：

（1）在对胀差测量回路进行校准时，需要串联方式同时接入 A 和 B 两支传感器实现信号互补，才能在显示终端读取数据。校准时一路采用真实位移量输入，另一路须通过计算用不同的电压值模拟位移量输入，这样获得单个传感器回路的数据，测量结果见表 3-9。模块型号为 3500/45，标示号为高压缸胀差 A。

表 3-9　　　　　　　　　　　　　高压缸胀差 A 测量结果

测点 名称	真实物理量 （mm）	前置器电压 （V）	TSI 模块输出 （mm）	DEH 显示 （mm）
	−12.0	—	—	—
	−10.0	—	—	—
	−8.0	−17.5	−8.7	−8.7
	−6.0	−16.5	−6.4	−6.5
	−4.0	−14.7	−4.4	−4.3
	−2.0	−12.7	−2.3	−2.3
1 通道	0.0	−11.0	0.0	0.0
	2.0	−9.4	2.1	2.1
	4.0	−7.8	4.2	4.1
	6.0	−6.1	6.3	6.2
	8.0	−4.5	8.4	8.4
	10.0	−2.9	10.5	10.5
	12.0	—	—	—

注　"—"表示数据溢出。

由表 3-9 可见，数据溢出发生在上限和下限测点，且传感器线性较差。建议检查软件组态，确认量程设置，修改传感器灵敏度或建立线性化表。

（2）对 A 给水泵汽轮机轴向位移测量回路进行校准时，测量结果见表 3-10。模块型号为 3500/45，标示号为：A 给水泵汽轮机轴向位移。

表 3-10　　　　　　　　　　　　　轴向位移测量结果

测点名称	真实物理量 （mm）	TSI 模块输出 （mm）	前置器电压 （V）	DEH 显示 （mm）
轴向位移 2A	−1.50	1.52	−16.0	1.53

续表

测点名称	真实物理量 （mm）	TSI 模块输出 （mm）	前置器电压 （V）	DEH 显示 （mm）
轴向位移 2A	−1.25	1.26	−15.0	1.26
	−1.00	1.01	−14.0	1.00
	−0.75	0.76	−13.0	0.78
	−0.50	0.51	−12.0	0.52
	−0.25	0.26	−11.0	0.26
	0.0	0.00	−10.0	0.02
	0.25	−0.25	−9.0	−0.25
	0.50	−0.50	−8.1	−0.50
	0.75	−0.76	−7.0	−0.76
	1.00	−1.01	−6.0	−1.01
	1.25	−1.27	−5.1	−1.26
	1.50	−1.52	−4.1	−1.52

由表 3-10 可见，TSI 模块和 DEH 画面显示的位移值和传感器的测量方向是相反的，传感器线性度较好。建议检查软件组态，对位移测量方向进行确认。

（3）在对给水泵汽轮机零转速 1 传感器校准时，按照传感器标准安装间隙，测试时转速超过 5000r/min 传感器示值异常，出现数值跳变、不稳定。调整安装间隙后再次测试，显示正常。建议将转速传感器安装间隙电压向下调整到 −9.0V 左右。

（4）在对引风机瓦振测量回路进行校准时，测量结果见表 3-11。模块型号为 3500/42M，标示号为 A 引风机。

表 3-11　　　　　　　　　　引风机测量结果

测点名称	真实物理量（μm）	TSI 模块输出（μm）	DCS 显示（μm）
A 引风机 X 方向	40	48	48.85
	80	88	89.05
	120	130	131.47
	160	171	170.79
	200	214	198.79

表 3-11 中，各个测点误差均较大，在确定传感器的测量误差在其最大允许误差范围内的情况下，即传感器检定合格，应进一步确认传感器检定证书中参考点的灵敏度，是否与测量模块内的灵敏度设置一致。建议将每次检定合格的传感器灵敏度在模块设置中进行更新，确保传感器的灵敏度值为现行有效值，此举保证了传感器测量灵敏度和通道测量灵敏度的一致性，从而提高系统测量的准确性。

表 3-11 中，200μm 测点，TSI 显示明显大于 DCS 画面显示数据，该现象是 DCS 量程输出钳位所致，应对模块里的量程进行检查和设置。

（5）在对风机键相测量回路进行校准时，测量结果见表 3-12。

表 3-12　　　　　　　　　风机键相测量结果

测点名称	真实物理量输入 [Hz（r/min）]	TSI 模块输出（Hz）	TDM 显示
B 一次风机	10（600）	10	—
	20（1200）	20	—
	30（1800）	30	—

注　"—"表示无输出。

键相信号的测速齿盘应为 1 齿，现场实际齿数也应为 1 齿，TSI 键相模块内的齿数组态同样应为 1 齿。试验用的转速台的齿数为 60 齿，输入的转速值相当于括弧内的键相的实际转速。因为 TDM 无显示，所以，使用频率计在键相模块前面板 BNC 插头处进行测量，得到 TSI 模块输出数据。

TDM 系统检测不到键相转速值，建议检查 TSI 柜至 TDM 柜的连线或 TDM 系统内有关键相信号的组态设置，比如输入脉冲的门槛电平。

TSI 系统对发电机组安全运行非常重要，现场校准是一种全新的、有效的、科学的性能测试方法。实践证明，通过现场系统性校准，能够准确地评定 TSI 系统每个测量回路的测量误差，保证所测量参数的准确性；能精确核准报警和停机动作值，保证保护动作的准确性和可靠性；能消除每个测量回路可能存在的隐患或缺陷部位，提高检修人员的工作效率。按照此方法对 TSI 进行系统性校准，对发电厂是非常必要的。通过对 TSI 系统传感器长期稳定性的考核，不仅对机组的安全运行提供有力的数据支持，也有助于电厂在降低风险的前提下节约系统维护成本。

 汽轮机监测系统位移传感器校准存在问题的讨论

在发电企业，汽轮机轴系振动监测直接关乎机组的安全运行。轴系参数通常是指轴系的振动、位移和转速。具体指轴振、瓦振，轴位移、胀差，键相及转速。其中涉及位移测量的传感器包括轴位移和胀差，主要为电涡流式位移传感器。

电涡流式位移传感器能连续采集转子振动状态的多种参数，如转轴的径向振动、振幅以及轴向位置。电涡流式位移传感器最主要的用途之一就是进行位移量的测量，凡是可转换成位移量的参数都可用电涡流传感器来测量，在汽轮机轴系参数中，轴位移传感器一般会投入汽轮机保护，即当轴位移量越限时，根据逻辑运算，监测系统会发出报警或停机信号，保护汽轮机等设备运行安全，所以对其进行准确有效的校准显得尤其重要。

（一）传感器校准现状

目前，针对汽轮机监测系统中位移传感器（轴位移和胀差）的校准，依据的技术文件为 JJG 644—2003《振动位移传感器检定规程》，轴位移和胀差可归类于电感式中的电涡流式，属于静态测量范畴。而在实际的检定和校准过程中，由于使用场合及测量原理等因素，导致现行检定规程和与实际工作有不符的地方，本节针对静态位移传感器校准的若干问题进行阐述，希望引发大家在该计量领域的探讨。

（二）位移传感器的校准方法

1. 计量标准器

本次校准中，采用的计量标准器为电涡流式位移传感器静态自动校准装置，如图 3-15 所示，该装置主要由位移校准装置（驱动机构为步进电动机和丝杠，测量机构为光栅尺）和位移校准仪（数据的采集与处理）组成，配套设备为 PC 机（与位移校准仪通信并在操作软件中显示测量结果）。

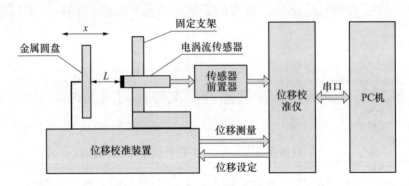

图 3-15　电涡流式位移传感器静态自动校准装置

2. 测量方法

以位移校准装置的实际位移输出值作为位移标准值，电涡流传感器的输出电压由位移校准仪测得，并以串口通信方式将数据送入上位机，在软件操作界面显示出每个位移校准点对应的传感器电压输出，最终以 Excel 报表形式生成证书或报告。

3. 校准方法

本次校准依据 JJG 644—2003《振动位移传感器检定规程》，电涡流式位移传感器静态指标检定的项目包括灵敏度校准的不确定度、幅值线性度、幅值重复性和零值误差。

校准过程如下：在传感器的工作范围内，读取位移校准装置测得的标准位移值 L_i 和各校准点上传感器的输出电压值 U_i。包括上、下限共选择 11 个点，以正反两个行程为一个测量循环，一共测量 3 个循环共 6 组测量值，根据 3 个循环的测量结果，得到测量数据的位移和电压的平均值，如表 3-13 所示。将数据中量程的 10%~90% 数据参与计算，最终以最小二乘法计得出电涡流传感器的静态灵敏度。

表 3-13　　　　　　　　　　　　　传感器测量数据

标准位移 （mm）	第一次		第二次		第三次	
	上行程	下行程	上行程	下行程	上行程	下行程
	电压（V）					
−2.0	−3.4307	−3.4307	−3.4298	−3.4298	−3.4306	−3.4306
−1.6	−5.1148	−5.1159	−5.1161	−5.1145	−5.1138	−5.1150

续表

标准位移（mm）	第一次		第二次		第三次	
	上行程	下行程	上行程	下行程	上行程	下行程
	电压（V）					
−1.2	−6.8262	−6.8256	−6.8262	−6.8268	−6.8294	−6.8267
−0.8	−8.5380	−8.5347	−8.5391	−8.5341	−8.5422	−8.5348
−0.4	−10.2731	−10.2680	−10.2738	−10.2677	−10.2740	−10.2677
0.0	−11.9882	−11.9801	−11.9889	−11.9799	−11.9863	−11.9802
0.4	−13.7614	−13.7571	−13.7636	−13.7570	−13.7617	−13.7574
0.8	−15.4636	−15.4601	−15.4625	−15.4620	−15.4645	−15.4630
1.2	−17.1566	−17.1550	−17.1549	−17.1533	−17.1553	−17.1550
1.6	−18.8477	−18.8492	−18.8486	−18.8510	−18.8488	−18.8520
2.0	−20.4026	−20.4036	−20.4036	−20.4026	−20.4026	−20.4030

4. 校准结果

本次被校传感器采用德国 EPRO 公司生产的 PR6424 型电涡流传感器，测量范围为 0~4mm，出厂灵敏度为 4V/mm，测量数据如表 3-13 所示。

参考 JJG 644—2003《振动位移传感器检定规程》，对传感器灵敏度校准的不确定度、幅值线性度、重复性以及零值误差进行考核。其中灵敏度的校准不确定度通过对测量结果进行不确定度评定得到，这里不做详细叙述，其他检定项目均依据检定规程。

本次校准中，加入了参考灵敏度偏差的考核，其技术指标依据出厂说明书得到，因为该传感器说明书中未对灵敏度偏差进行要求，这里参考 BENTLY 公司的 3300 系列电涡流传感器出厂技术指标，测量结果和技术指标如表 3-14 所示。

由测量结果可知，若依据检定规程，该传感器计量性能合格，若对参考灵敏度偏差进行考核，则超过允许值，若继续投入使用，则增加了现场运行的风险。

表 3–14	测量结果		
项目	测量值（%）	要求值（%）	备注
灵敏度校准不确定度	0.4	1.0	规程指标
幅值重复性	0.03	1.0	规程指标
幅值线性度	0.8	±2.0	规程指标
零值误差	0.03	0.5	规程指标
参考灵敏度偏差	7.5	±5.0	出厂指标

（三）校准中存在的问题

结合上述测量结果，由于本次校准传感器使用场合的特殊性，校准项目和方法大多依据检定规程，但个别项目的校准方法有不同之处，同时增加了考核项目，具体不同之处总结如下：

1.测点的选择

由于传感器所用场合的特殊性，在测点的选择上和原规程有所不同，一般的，轴位移传感器在现场的安装位置为其线性中点，以本次校准选择的传感器为例，一般安装在其输出电压为 −12V 左右（此时传感器安装位置为其线性中点）。以该线性中点为起点，规定离金属圆盘近端为下行程，远端为上行程，测量范围为（−l~l）。改变传感器的测量距离以每 10% 量程为 1 个测量点，在整个测量范围内，包括上、下限值共测 11 个测量点（可包含报警和停机值），测量顺序如图 3–16 所示，从中点开始步进至下限后步进返回中点，再步进至上限后步进返回中点，记录各个测量点传感器的输出值 U 和传感器的移动距离 L，此为一个循环，一共测 3 个循环，可以称为中点式测量，而规程中采用从始段到末端的端点式测量顺序。

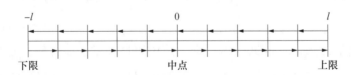

图 3–16 测量顺序

选择传感器线性中点为起点是为了模拟现场使用环境，由于在汽轮机监测系统中，轴位移测点会设置报警和停机数值，需要机组运行人员对报警和停机值以及对应的电压非常熟悉，一般运行人员通过传感器的检定或校准证书得到报警和停机值对应的电压值，例如，某机组轴位移报警值设置为 ±0.8mm，停机值设置为 ±1.2mm，量程 4mm，那么只有通过中点式测量，才能准确得到报警和停机值对应的电压值。检定或校准证书不但可以对传感器的计量特性进行判断，而且给出了现场运行人员需要的关键数据。

2. 灵敏度偏差

根据最小二乘法公式，可以拟合出位移量和输出电压的线性关系，得到传感器的静态灵敏度。由于位移传感器是汽轮机监测系统中的一部分，传感器的输出依次通过前置器、测量模块，最后在终端显示，在测量模块中可以对传感器灵敏度、量程等参数进行修改，其目的是保持传感器和测量模块参数设置的一致性。

传感器出厂说明书有静态灵敏度指标，一般测量模块组态里的灵敏度设置为出厂灵敏度，通常不做更改。如果发现传感器送检后证书的灵敏度与其出厂灵敏度偏差较大，则需要在测量模块里对原先的灵敏度进行更改，或者对不合格的传感器进行更换。由于在某些行业使用的特殊性，一般认为在检定项目中可以考虑加入灵敏度偏差指标，以判断传感器灵敏度与出厂值的偏差量。灵敏度偏差可按下式计算

$$\delta_S = \frac{S - S_0}{S_0} \times 100\% \qquad (3-14)$$

式中：δ_S 为灵敏度偏差；S 为灵敏度测量值，S_0 为灵敏度出厂值。

综上所述，在发电行业，针对汽轮机监测系统的静态位移传感器的校准，原先检定规程中的检定方法和项目不足以判定其计量性能合格与否，希望本书能起到抛砖引玉的作用，在该计量领域引发讨论。

第5节

习题及参考答案

1. 单选题

（1）速度传感器在 50μm 峰峰值时输出 140mV 有效值电压，换算成峰峰值电压应为（A）。

A. 396mV B. 198mV C. 99mV

（2）压电传感器电荷放大器的输出电压是（C）电压。

A. 有效值 B. 峰峰值 C. 峰值

（3）涡流传感器进行出厂规范参数检验时，传感器对应的靶材料是（C）。

A. 铜 B. 铝 C. $42CrMo_4$

（4）某机组 2X 振动输出显示为 60μm，用示波器检测其振动波形的峰峰值为 480mV，此时，在前置器输出端子上用万用表测得的有效值输出电压应为（A）。

A. 169mV DC B. 339mV DC C. 678mV DC

（5）某 300MW 机组，轴位移定零点时前置器记录的输出电压为 –10.50V，传感器灵敏度为 3.94V/mm，传感器测量方向为"远离为正"，若运行中轴位移显示 +0.50mm，请问此时的前置器输出电压应为（B）。

A. –8.53V B. –12.47V C. –14.44V

（6）某 300MW 机组，轴位移定零点时前置器记录的输出电压为 –10.50V，传感器灵敏度为 3.94V/mm，传感器测量方向为"靠近为正"，若运行中轴位移显示 +0.50mm，请问此时的前置器输出电压应为（A）。

A. –8.53V B. –12.47V C. –14.44V

（7）某 300MW 机组，选用的低压缸胀差传感器为 eproPR6426（量程为 20mm，灵敏度 0.8V/mm）；低压缸胀差的测量范围设计为 –3~+17mm，传感器测量方向为

"远离为正"，判断下列零点电压中哪一个是正确的？（A）

A. −6.4V   B. −12.0V   C. −17.6V

（8）某 300MW 机组，选用的低压缸胀差传感器为 eproPR6426（量程为 20mm，灵敏度 0.8V/mm）；低压缸胀差的测量范围设计为 −3~+17mm，传感器测量方向为"靠近为正"，判断下列零点电压中哪一个是正确的？（C）

A. −6.4V   B. −12.0V   C. −17.6V

（9）接地体接地电阻的大小与（D）。

A. 接地装置的结构、形状有关

B. 接地装置的土壤电阻率有关

C. 接地装置的气候环境条件有关

D. 接地装置的结构、形状，土壤电阻率和气候环境条件都有关

（10）普通模拟式万用表的交流挡测量机构反映的是被测量的（A）值，定度按有效值。

A. 平均   B. 有效   C. 最大

（11）被测量的电流是 0.45A 左右，为使测量结果更准确些，应选用上量限为（D）电流表。

A. 5A 的 0.1 级   B. 2A 的 0.5 级   C. 1.0A 的 0.2 级   D. 0.5A 的 0.5 级

（12）在模拟式万用表电压测量电路中，可按照电压灵敏度与电流灵敏度的（C）关系确定附加电阻阻值。

A. 正比   B. 反比   C. 倒数   D. 函数

（13）某万用表测量直流电压时，其电流灵敏度为 0.1mA，则其电压灵敏度为（A）。

A. 10kΩ/V   B. 1kΩ/V   C. 10V/kΩ   D. 1V/kΩ

（14）数字多用表在进行直流电压测量时，零位可调节范围应不大于（B）。

A. ±2 个字   B. 最后一位数字   C. ±1 个字   D. ±0.5 个字

（15）振动传感器根据测振原理的不同可分为接触式和非接触式两类，（D）称为接触式相对传感器。

A. 电容式传感器   B. 电容式传感器   C. 电涡流式传感器 D. 感应式传感器

（16）非接触式测量轴承振动的探头是利用（B）原理工作的。

　A. 差动感应　　　　B. 涡流效应　　　　C. 差动磁效　　　　D. 电磁感应

（17）速度传感器所能指示的被测振动信号的最小增量称为（B）。

　A. 灵敏度　　　　　B. 分辨力　　　　　C. 线性度　　　　　D. 不确定度

（18）（A）传感器的工作频率范围是在谐振频率以下。

　A. 压电式　　　　　B. 磁电速度式　　　C. 涡流式

（19）（B）传感器的工作频率范围是在谐振频率以上。

　A. 压电式　　　　　B. 磁电速度式　　　C. 涡流式

（20）当金属物体置于交变磁场中时，在金属内部产生感应电流，此电流在金属体内自成回路，故称为（D），且一旦形成，它也会产生磁场，这个磁场将（D）原来产生涡流的磁场的变化。

　A. 感生电流；减小B. 涡流；增大　　　C. 电涡流；不影响 D. 涡电流；阻止

（21）机械量测量中，电磁式传感器用于测量（B）。

　A. 振动幅值　　　　B. 振动速度　　　　C. 振动加速度　　　D. 振动频率

（22）振动传感器分接触式和非接触式两种，（A）传感器是非接触式传感器。

　A. 电涡流式　　　　B. 磁电式　　　　　C. 压电式　　　　　D. 三个都是

（23）机械量测量中，压电式传感器用于测量（C）。

　A. 振动幅值　　　　B. 振动速度　　　　C. 振动加速度　　　D. 转速

（24）压电式传感器是一种（A）传感器，它以某些电解质的压电效应为基础，在外力作用下，在电解质的表面上产生电荷，从而达到非电量测量的目的。

　A. 有源　　　　　　B. 无源　　　　　　C. 压变电阻　　　　D. 非接触式

（25）压电传感器电荷放大器的输出电压是（C）电压。

　A. 有效值　　　　　B. 峰峰值　　　　　C. 峰值　　　　　　D. 瞬时值

（26）测量轴承振动的磁电式传感器，输出信号是轴承振动的速度信号，如果要测量轴承振动的幅值，则需增加（B）。

　A. 微分器　　　　　B. 积分器　　　　　C. 加法器　　　　　D. 滤波器

（27）磁电转速传感器是一种（B）传感器，靠磁力感应实现测量。

　A. 有源　　　　　　B. 无源　　　　　　C. 压变电阻　　　　D. 接触式

（28）磁电式转速传感器工作时（B），完全靠磁电感应完成测量。

A. 需要外部供电　　B. 无须供电　　　C. 内部供电　　　D. 其余都不对

（29）磁电式转速传感器属于（A）转速测量仪表。

A. 非接触式　　　　B. 直接接触式　　C. 间接接触式　　D. 其余都不对

（30）测振仪器中某放大器的放大倍数 K 随频率上升而（B）的称为微分放大器。

A. 下降　　　　　　B. 增加　　　　　C. 恒定　　　　　D. 先升后降

（31）以下转速测量精度最高的表计是（D）。

A. 离心式机械测速表　　　　　　　B. 测速发电机

C. 磁力式转速表　　　　　　　　　D. 数字式转速表

（32）下列因素中，（D）不影响电涡流传感器的测量灵敏度。

A. 被测体面积　　　　　　　　　　B. 传感器线圈面积

C. 被测体表面有镀层　　　　　　　D. 被测体与传感器之间的距离

（33）电感式位移传感器，是根据（B）原理工作。

A. 应变效应　　　B. 电磁感应　　　C. 多普勒效应　　D. 压阻效应

（34）下列（C）是非接触式相对振动传感器。

A. 绝对式速度传感器　　　　　　　B. 相对式速度传感器

C. 涡流式传感器

（35）根据 JJG 233—2008《压电加速度计检定规程》，参考加速度计必须经过（C）检定，作为检定工作加速度计的传递标准。

A. 相对法　　　B. 比较法　　　　C. 绝对法　　　　　D. 直接法

（36）根据 JJG 233—2008《压电加速度计检定规程》。参考加速度计灵敏度幅值的频率响应要求为（A）。

A. ±2%　　　　B. ±5%　　　　　C. ±10%　　　　　D. ±6%

（37）根据 JJG 233—2008《压电加速度计检定规程》，压电加速度计的检定周期为（A）。

A. 1　　　　　　B. 2　　　　　　C. 3

（38）根据 JJG 233—2008《压电加速度计检定规程》，振动检定中，参考加速度计的灵敏度幅值线性度应要求为（A）。

  A. ±1%   B. ±2%   C. ±3%   D. ±5%

（39）根据 JJG 233—2008《压电加速度计检定规程》，振动检定中，工作加速度计的灵敏度幅值线性度应要求为（C）。

  A. ±1%   B. ±2%   C. ±3%   D. ±5%

（40）根据 JJG 233—2008《压电加速度计检定规程》，工作加速度计的参考灵敏度年稳定度要求为（B）。

  A. 1%   B. 2%   C. 3%   D. ±5%

（41）根据 JJG 326—2021《转速标准装置》，转速标准装置的检定周期一般不超过（A）年。

  A. 1 年   B. 2 年   C. 3 年   D. 半年

（42）根据 JJG 134—2023《磁电式速度传感器检定规程》，磁电式振动速度传感器的绝缘电阻不小于（接地的除外）（A）。

  A. 1MΩ   B. 2MΩ   C. 3MΩ   D. 4MΩ

（43）根据 JJG 134—2023《磁电式速度传感器检定规程》，各类转速表的检定周期为（A）。

  A. 1 年   B. 2 年   C. 半年   D. 1 年半

（44）根据 JJG 134—2023《磁电式速度传感器检定规程》，磁电式速度传感器的检定周期为（C）。

  A. 半年   B. 2 年   C. 1 年   D. 3 年

（45）电涡流探头的外壳用（B）制作较为恰当。

A. 不锈钢   B. 塑料   C. 黄铜   D. 玻璃

（46）传感器的精确度是指（A）。

A. 传感器的输出指示值与被测量约定真值的一致程度

B. 传感器输出量 y 和输入量 x 之比

C. 传感器能够测量的下限值（y_{min}）到上限值（y_{max}）之间的范围

D. 输出量与输入量之间对应关系

（47）不能用涡流式传感器进行测量的是（D）。

A. 位移 　　　　B. 材质鉴别 　　　　C. 探伤 　　　　D. 非金属材料

（48）不能采用非接触方式测量的传感器是（C）。

A. 霍尔传感器 　　B. 光电传感器 　　C. 热电偶 　　　D. 涡流传感器

（49）通常所说的传感器核心组成部分是指（B）。

A. 敏感元件和传感元件 　　　　　　B. 敏感元件和转换元件

C. 转换元件和调理电路 　　　　　　D. 敏感元件、调理电路和电源

2. 多选题

（1）下列量中属于国际单位制导出量的有（ABC）。

A. 电压 　　　　B. 电阻 　　　　C. 电荷量 　　　　D. 电流

（2）测量仪器的准确度是一个定性的概念，在实际应用中应该用测量仪器的（AB）表示其准确程度。

A. 最大允许误差　B. 准确度等级 　　C. 测量不确定度 　　D. 测量误差

（3）测量误差按性质分为（AB）。

A. 系统误差 　　　B. 随机误差 　　C. 测量不确定度 　　D. 最大允许误差

（4）测量不确定度小，表明（CD）。

A. 测量结果接近真值 　　　　　　B. 测量结果准确度高

C. 测量结果的分散性小 　　　　　D. 测量结果可能值所在的区间小

（5）测量设备是指（ABD）以及进行测量所必需的资料的总称。

A. 测量仪器 　　　　　　　　　　B. 测量标准（包括标准物质）

C. 被测件 　　　　　　　　　　　D. 辅助设备

（6）被用来制作传感器的物理现象和效应有（ABCD）。

A. 霍尔效应 　　B. 应变效应 　　C. 多普勒效应 　　D. 压阻效应

（7）电涡流传感器的灵敏度，与（BC）等因素有关。

A. 探头线圈线径 　　　　　　　　B. 探头线圈尺寸

C. 被测导体的形状、大小与材料性质　D. 工作电压

（8）压电式传感器只有在外接负载为无穷大时，内部又无漏电的情况下，受压产生的电荷才能保持下去。因此压电传感器测量电路不应采用（ACD）。

A.电压放大器　　　B.电荷放大器　　　C.电流放大器　　　D.电子放大器

（9）属于磁电感应原理制作的振动传感器，一般检查的质量要求中，除了传感器的安装基面应光滑平整、安装螺孔完好无损；支持弹簧片应无变形或断裂，线圈在磁场间隙内的活动灵活无卡涩，组装后密封良好；还要求（BC）。

A.中心轴线与测量表面垂直

B.接线盒内的接线端子完整，线圈引线与接线片焊接牢固可靠

C.调节机构应调节自如、自锁性好，各指示器的示值醒目、清楚

D.测量线圈电阻应在 100Ω 左右，传感器绝缘电阻大于 $3M\Omega$

（10）下列传感器，属于热工测量范围的是（AB）。

A.温度、湿度、流量、压力　　　　　B.位移、质量

C.电压、电流　　　　　　　　　　　D.导电度、黏度、速度

（11）磁电式转速传感器的齿轮不可采用（AC）材料加工。

A.各种金属　　　　　　　　　　B.各种导磁钢铁

C.各种合金　　　　　　　　　　D.选项 A.B.C 均不可以

（12）测振传感器根据其测量原理的不同可以分为接触式和非接触式两类，其中接触式振动传感器有（AD）。

A.压电式　　　B.电涡流式　　　C.电感式　　　D.感应式

（13）测振传感器根据其测量原理的不同可以分为接触式和非接触式两类，其中非接触式振动传感器有（BCD）。

A.感应式　　　B.电涡流式　　　C.电感式　　　D.电容式

（14）电涡流传感器的灵敏度与（BC）等因素有关。

A.探头线圈线径　　　　　　　　B.探头线圈尺寸

C.被测导体的形状、大小与材料性质　D.工作电压

（15）以下类型中，（CD）不属于电感式传感器。

A.电涡流式　　　B.差动变压器式　　　C.磁电式　　　D.压电式

（16）机械量监测系统的传感器，主要有（BCD）传感器三种。

A. 压阻式传感器　　　　　　　　B. 电磁式速度传感器

C. 涡流式传感器　　　　　　　　D. 压电式加速度传感器

（17）电涡流传感器的探头线圈，与被测导体之间的距离，（ABC）。

A. 很小时，电涡流效应显著，线圈阻抗减小

B. 很大时，因电涡流减弱，线圈阻抗增大

C. 超过一定数值后，线圈阻抗趋向一稳定值

D. 在一定范围内，线圈阻抗呈线性变化

（18）JJG 233—2008《压电加速度计检定规程》，压电式加速度传感器的压敏原件可以是（AB）

A. 石英晶体　　　　B. 压电陶瓷　　　　C. 金属薄片

（19）JJG 105—2019《转速表》，（AB）通常都称为机械式转速表。

A. 离心式转速表　B. 定时式转速表　C. 磁感应式转速表 D. 频闪式转速表

（20）JJG 105—2019《转速表》，（CD）通常都称为电动式转速表。

A. 离心式转速表　B. 定时式转速表　C. 磁感应式转速表 D. 电动式转速表

（21）JJG 644—2003《振动位移传感器检定规程》，（ABC）振动位移传感器均属于电感式振动位移传感器。

A. 差动电感式　　　B. 差动变压器式　　　C. 电涡流式

（22）依据 JJG 134—2023《磁电式速度传感器检定规程》以下关于磁电式速度传感器的说法正确的是（ABC）。

A. 磁电式速度传感器主要用于机械振动测量

B. 磁电式速度传感器的绝缘电阻不应小于 $1M\Omega$

C. 磁电式速度传感器工作的环境应无强磁场，腐蚀性气液体

D. 磁电式速度传感器的绝缘电阻不应小于 $2M\Omega$

（23）依据 JJG 233—2008《压电加速度计检定规程》，以下关于压电加速度计的说法正确的是（AC）。

A. 压电加速度计主要由质量块、压电敏感元件和基座等组成

B. 压电加速度计用于振动和冲击速度测量

C.压电加速度计利用压电敏感元件正压电效应

3.判断题

（1）凡是计量器具必须制定计量检定规程。（×）

（2）不确定度 A 类评定和不确定度 B 类评定的区别在于性质不同。（×）

（3）仪表准确度等级与其引用误差相互联系。（√）

（4）分辨力高可以降低读数误差，从而减小由于读数误差引起的对测量结果的影响。（√）

（5）磁电系仪表是利用可动线圈中电流产生的磁场与固定的永久磁铁磁场相互作用而工作的仪表。（√）

（6）电磁系仪表是利用一个可动软磁片与固定线圈中电流产生的磁场间吸引力而工作或利用一个（或多个）固定软磁片与可动软磁片（两者均由固定线圈中电流磁化）间排斥（吸引力）而工作的仪表，电磁系仪表是测量交流电压与交流电流的最常用的一种仪表。（√）

（7）电动系仪表是利用可动线圈中电流所产生的磁场与一个或几个固定线圈中电流所产生的磁场相互作用而工作的仪表。（√）

（8）数字万用表的输入阻抗极高，对输入信号干扰极小。（×）

（9）轴承振动传感器输出电动势的幅值与振幅成正比。（×）

（10）水轮机振动表一般是由振动传感器、振动放大器和显示器三部分组成。（√）

（11）磁电式速度传感器在低转速测振时，都存在传感器的相位和灵敏度的修正问题，转速越低修正量越小。（×）

（12）磁电式转速传感器的齿轮可采用任意金属材料加工而成。（×）

（13）振动位移传感器的使用现场周围应无强磁场、无腐蚀性气液体、无强振源。（√）

（14）标准振动传感器的振动量值测量不确定度为 0.5%~1%。（√）

（15）被检磁电式速度传感器安装要求其灵敏轴必须与振动方向相平行。（×）

（16）电子计数式转速表的转速传感器通常有光电式和磁电式两种。（√）

（17）电子计数式转速表是利用转速传感器将机械旋转频率转换为电脉冲

信号。（√）

（18）磁电式速度传感器主要用于机械振动测量。（√）

（19）磁电式速度传感器测量原理是将振动速度转换成电流量输出。（×）

（20）测振仪器中，放大倍数 K 随频率上升而下降的放大器，称微分放大器。（×）

（21）涡流式传感器可用于测量汽轮机的轴向位移、径向振动和汽轮机的转速，但不能用于测量轴承的瓦振。（√）

（22）采用压电加速度计的测振系统，其系统低频响应决定于放大器的输入阻抗的大小。（√）

（23）涡流传感器的基本测量参数是位移，电涡流传感器输出信号大小与被测物体与传感器的距离、被测物体的材料性质（导磁性及导电性）有关，与传感器的运行环境无关。（×）

（24）检修后的电涡流式监测保护装置的前置器外部应清洁，固定应牢固，无松动，与传感器之间的连接高频电缆应完好无损，长度不得任意改变；为防止引线与延伸电缆连接头处松动，连接处应使用热缩管防护。（√）

（25）涡流传感器系统均有前置器，当探头电缆与延伸电缆的长度与系统不匹配时，将影响前置器对测量信号的正常转换。（√）

（26）电感式位移传感器的铁芯是导磁材料，且必须工作在非饱和状态。（√）

（27）使用涡流传感器进行机械量测量时，其探头、延伸电缆和前置器构成的信号测量转换回路，有规定的阻抗，当连接接头和前置器插座内有污物改变了其阻抗时，将会导致测量信号显示偏大。（×）

（28）标准装置和被检转速表预热 2h。（×）

（29）根据 JJG 233—2008《压电加速度计检定规程》，加速度计通常与适调仪配用，用于振动与冲击加速度测量。（√）

（30）根据 JJG 233—2008《压电加速度计检定规程》，加速度计利用压电敏感元件的正压电效应工作。（√）

（31）根据 JJG 326—2021《转速标准装置》，转速标准装置环境适应性为温度：10~40℃；湿度：（20~90）%RH。（√）

（32）根据 JJG 326—2021《转速标准装置》，转速标准装置电源适应性要求装置在供电额定电压变化 ±10% 的范围内，应能正常工作。（√）

（33）根据 JJG 134—2023《磁电式速度传感器检定规程》，磁电式速度传感器测量原理是将振动速度转换成电压量输出。（√）

（34）依据 JJG 134—2023《磁电式速度传感器检定规程》，磁电式速度传感器主要由磁路系统、线圈、惯性质量、弹簧阻尼等部分组成。（√）

（35）依据 JJG 134—2023《磁电式速度传感器检定规程》，磁电式速度传感器检定环境条件为温度：（20±5）℃；湿度 ≤ 95%RH。（×）

（36）根据 JJG 644—2003《振动位移传感器检定规程》，电涡流振动传感器的检定周期一般不超过 1 年。（√）

（37）传感器是一种特殊材料或特殊结构的设备。（√）

（38）传感器是一种把非电量的被测量转换为与之有确定对应关系的、便于应用的电量的测量装置。（√）

（39）传感器的作用包括信息的收集、信息数据的交换及控制信息的采集三大内容。（√）

（40）任何一个量的绝对准确值只是一个理论概念，测量结果与被测量的真值之间总是存在误差。（√）

（41）输入量恒定或缓慢变化时的传感器特性称为静态特性。（√）

（42）传感器的精确度是指传感器的输出指示值与被测量约定真值的一致程度，它反映了传感器测量结果的可靠程度。（√）

（43）霍尔效应的原因是任何带电质点在磁场中沿着和磁力线垂直方向运动时，会受到磁场力。（√）

（44）同方向同频率谐振动的合成，合振动仍为简谐振动。（√）

（45）相互垂直的两个谐振动的合成，若两个分振动的频率相同，则合振动的轨迹一般为椭圆。（√）

（46）相互垂直的两个谐振动的合成，若两个分振动的频率为简单整数比，则合振动的轨迹为李萨如图形。（√）

（47）在周期性驱动力作用下的振动是受迫振动。（√）

（48）垂直振动台是振动发生器将垂直方向上的运动传递给试验件。（√）

（49）做简谐运动的物体位移最大时，加速度也一定最大。（√）

（50）做简谐运动的物体，其机械能随时做周期性变化。（×）

（51）做简谐运动的物体振动频率由介质的性质和温度决定。（×）

（52）按不同情况进行分类，振动系统大致可分为线性振动和非线性振动，确定性振动和随机振动，自由振动和强迫振动，周期振动和瞬态振动，连续系统和离散系统。（√）

（53）惯性元件、弹性元件、阻尼元件是离散振动系统的三个最基本元素。（√）

（54）系统固有频率主要和系统的质量和刚度有关，与系统受到的激励也有关。（×）

（55）研究随机振动的方法是概率统计。（√）

（56）工程上常见的随机过程的数字特征有：均值、方差、自相关函数和互相关函数。（√）

4.简答题

（1）什么是简谐振动？

答：物体在与位移成正比的恢复力作用下，在其平衡位置附近按正弦规律作往复的运动。

（2）什么是机械振动？

答：物体在平衡位置附近所做的往复运动，称为机械振动，简称为振动。振动是一种十分普遍的运动形式。

（3）简述振动系统发生振动的原因。

答：振动系统发生振动的原因是外界对系统与运动状态的影响，即外界对系统的激励或作用。

（4）平衡位置定义。

答：是物体在振动方向上加速度为零的位置，即是物体振动过程中速度最大的位置。

（5）产生振动的条件有哪些？

答：①物体一旦离开平衡位置，就受到回复力的作用；②阻力足够小。

（6）简谐运动有哪些特征?

答：回复力 $F=-kx$，加速度 $a=-kx/m$，方向与位移方向相反，总指向平衡位置。简谐运动是一种变加速运动，在平衡位置时，速度最大，加速度为零；在最大位移处，速度为零，加速度最大。

（7）如何判定简谐运动?

答：要判定一个物体的运动是简谐运动，首先要判定这个物体的运动是机械振动，即看这个物体是不是做的往复运动；看这个物体在运动过程中有没有平衡位置；看当物体离开平衡位置时，会不会受到指向平衡位置的回复力作用，物体在运动中受到的阻力是不是足够小。然后再找出平衡位置并以平衡位置为原点建立坐标系，再让物体沿着 x 轴的正方向偏离平衡位置，求出物体所受回复力的大小，若回复力为 $F=-kx$，则该物体的运动是简谐运动。

（8）机械振动按振动的规律分类有哪几种?

答：按振动的规律，一般将机械振动分为确定性和随机性两大类型。这种分类，主要是根据振动在时间历程内的变化特征来划分的。

（9）机械振动按产生振动的原因分类有哪几种?

答：机器产生振动的根本原因，在于存在一个或几个力的激励。不同性质的力激起不同的振动类型。据此，可以将机械振动分为三种类型：

1）自由振动。给系统一定的能量后，系统所产生的振动。若系统无阻尼，则系统维持等幅振动；若系统有阻尼，则系统为衰减振动。

2）受迫振动。元件或系统的振动是由周期变化的外力作用所引起的，如不平衡、不对称所引起的振动。

3）自激振动。在没有外力作用下，只是由于系统自身的原因所产生的激励而引起的振动，如油膜振荡、喘振等。

因机械故障而产生的振动，多属于受迫振动和自激振动。

（10）机械振动按振动频率分类有哪几种?

答：机械振动频率是设备振动诊断中一个十分重要的概念。在各种振动诊断中常常要分析频率与故障的关系，要分析不同频段振动的特点，因此了解振动频段的划分与振动诊断的关系很有实用意义。按照振动频率的高低，通常把振动分为3种类型：

低频振动：$f < 10Hz$；中频振动：$f=10\sim1000Hz$；高频振动：$f > 1000Hz$。目前对划分频段的界限，尚无严格的规定和统一的标准。不同的行业，或同一行业中对不同的诊断对象，其划分频段的标准不尽一致。

（11）机械振动按激励输入类型分为哪几类？按自由度分为哪几类？

答：按激励输入类型分为自由振动、强迫振动、自激振动。按自由度分为单自由度系统、多自由度系统、连续系统振动。

（12）什么是振幅？

答：振幅是指振动的物理量可能达到的最大值，通常以 A 表示。它是表示振动的范围和强度的物理量。

（13）什么是传感器？

答：传感器是一种将非电量（如速度、压力）的变化转变为电量变化的原件，根据转换的非电量不同可分为压力传感器、速度传感器、温度传感器等，是进行测量、控制仪器及设备的零件、附件。

（14）灵敏度定义。

答：指定的输出量与指定的输入量之比。

（15）什么是参考灵敏度？

答：在给定的参考频率和参考幅值下传感器的灵敏度值。传感器灵敏度越高，测量系统的信噪比就越大，系统就不易受静电干扰或电磁场的影响。

（16）什么是幅频响应和相频响应？

答：在输入的机械振动量值不变的情况下，传感器输出电量的幅值随振动频率的变化，称为幅频响应。而输出电量的相位随振动频率的变化，称为相频响应。

（17）横向灵敏度定义。

答：在与传感器灵敏轴垂直的方向上受到激励时传感器的灵敏度，称为横向灵敏度。

（18）什么是横向灵敏度比？

答：横向灵敏度与沿灵敏轴方向上的灵敏度之比，称为横向灵敏度比。

（19）什么是安装力矩灵敏度？

答： 采用螺纹安装的传感器，安装力矩的变化会引起灵敏度发生变化。施加 1/2 倍规定安装力矩或施加 2 倍规定安装力矩时的灵敏度与施加规定安装力矩时的灵敏度之最大差值，相对于施加规定安装力矩时灵敏度的比值的百分数，称为安装力矩灵敏度。

（20）传感器的非线性度定义。

答： 在给定的频率和幅值范围内，输出量与输入量成正比，称为线性变化。实际传感器的校准结果与线性变化偏离的程度，称为该传感器的非线性度。

（21）加速度传感器定义。

答： 能感受加速度并转换成可用输出信号的传感器。

（22）压电式加速度传感器定义。

答： 压电式加速度传感器又称压电加速度计。它也属于惯性式传感器。压电式加速度传感器的原理是利用压电陶瓷或石英晶体的压电效应，在加速度计受振时，质量块加在压电元件上的力也随之变化。当被测振动频率远低于加速度计的固有频率时，则力的变化与被测加速度成正比。

（23）哪些物理因素将引起传感器产生乱真响应？

答： 在强静电场、交变磁场、射频场、声场、电缆影响、核辐射等的特殊环境下，某些传感器会受到严重的影响，这些物理因素将引起传感器产生乱真响应。

（24）电涡流振动位移传感器的原理。

答： 电涡流振动位移传感器的原理是，通过电涡流效应的原理，准确测量被测体（必须是金属导体）与探头端面的相对位置，其特点是长期工作可靠性好、灵敏度高、抗干扰能力强、非接触测量、响应速度快、不受油水等介质的影响，常被用于对大型旋转机械的轴位移、轴振动、轴转速等参数进行长期实时监测，可以分析出设备的工作状况和故障原因，有效地对设备进行保护及预维修。

（25）速度传感器工作原理。

答： 速度传感器主要由弹簧支架、测量线圈、磁钢和外壳几部分组成。工作原理：一个永久磁铁产生恒定的直流磁场，软弹簧一端与测量线圈连接，另一端与外壳连接。当传感器受激振时，磁钢和被测物体同时上下振动，由于测量线圈由软弹簧支承而相对静止。测量线圈相对切割磁力线产生感应电动势，该电动势与振动速度成正比。通过测量电动势可知振动参量大小。

（26）压电式传感器工作原理。

答： 压电式传感器是在壳体内放置两片或多片压电晶体，在晶体上放置一个密度比较大的质量块，通过一个刚度较大的弹簧施加一个初载力。当传感器振动时，惯性质量块将产生一个交变的力作用于压电晶体，从而产生电荷。电荷量的多少与加速度成正比。

（27）简述电涡流振动位移传感器的灵敏度、频率响应、幅值线性度的检定方法和数据处理。

答： 参考 JJG 644—2003《振动位移传感器检定规程》。

（28）简述磁电式速度传感器的灵敏度、频率响应、幅值线性度的检定方法和数据处理。

答： 参考 JJG 134—2023《磁电式速度传感器》。

（29）简述压电加速度计的灵敏度、频率响应、幅值线性度的检定方法和数据处理。

答： 参考 JJG 233—2008《压电加速度计检定规程》。

（30）简述工作测振仪的检定方法和数据处理。

答： 参考 JJG 676—2019《测振仪》。

（31）什么是三向加速度传感器？

答： 三向加速度传感器是基于加速度的基本原理去实现工作，具有体积小和重量轻的特点，可以测量空间加速度，能够全面准确反映物体的运动性质。

（32）用比较法校准振动传感器有什么优势？

答：与绝对法相比，比较法的优点主要有：

1）测试方法简单，便于掌握。

2）测量周期短，能满足大量传感器的校准需要。

3）操作细致规范时，比较法可使传感器的参考灵敏度校准误差小于 2%。

4）对校准设备的技术条件要求较低，如振动台的技术性能可以低一些。

5）能对被校传感器进行连续扫描，确定加速度计的谐振频率。

（33）简述磁电式速度传感器测量机械振动的工作原理。

答： 利用电磁感应原理，将运动速度转换成线圈的感应电动势输出的传感器。传感器输出为与振动速度成正比的电压信号。

（34）简述压电式加速度传感器工作原理。

答： 利用压电晶体的正压电效应，压电晶体受到外力作用变形的同时，其内部还会发生极化的现象，其两个相对表面上出现极性相反的电荷，产生电压；加速度传感器受振，使得质量块加在压电晶体上的力发生变化，压电晶体输出电压发生变化，当被测振动频率远远低于加速度传感器的固有频率时，被测加速度的变化与力的变化成正比，因此可通过力的大小判断加速度的大小。实现了将加速度转化成电压输出。

（35）简述电涡流传感器的工作原理。

答： 电涡流传感器实际上是一种位移传感器，依靠探头线圈产生的高频电磁场在被测表面感应出电涡流和由此引起的线圈阻抗的变化来反映探头与被测表面的距离。

（36）简述磁电式测振传感器的工作原理，并说明为什么称其为速度式振动传感器。

答： 磁电式测振传感器是由线圈组件、永久磁铁和柔软的弹簧支承三个主要部分组成。其线圈组件和永久磁铁，不论采用什么结构形式，总是其中一个固定在传感器壳体上，另一个由柔软的弹簧支承。其工作原理是传感器安装在被测物体上并随其振动，当振动频率远高于传感器的固有频率时，由柔软的弹簧支承的部件接近静止，而固定在传感器壳体上的部件则跟着外壳及振动体一起振动。因此线圈与磁铁就有相对运动，其相对运动的速度等于振动体的振动速度。线圈以相对速度切割磁力线时，传感器就产生正比振动速度的电动势输出。因此磁电式传感器也称为速度式振动传感器。

（37）在什么情况下，振动表必须进行检定？

答： 在下列情况下振动表必须校验：

1）振动表在出厂时，必须进行全面严格的测试。

2）振动表使用一段时间或搁置较长的一段时间后，要重新校准。通常规程规定的检定周期为一年。

3）新投产机组的启动和大型试验前的振动表要校准。

4）如主设备要求测振准确度比所使用的振动表能达到的准确度要高的时候，则该振动表应作整机校准。

5）振动表或测振系统经过修理之后，也应进行校准。

（38）振动位移传感器的检定项目有哪些？

答：振动位移传感器的检定项目有静态灵敏度、示值线性度、回程误差、示值变动度、零值误差、温漂、示值稳定度、动态参考灵敏度和幅频响应。

（39）简述转速仪表校验时的注意事项。

答：校验时应注意的事项有：

1）仪表的外观检查应符合规程要求。

2）熟悉转速检定装置的使用说明书及检定规程。

3）熟悉转速仪表的说明书，传感器的安装方法、技术要求、仪表的连接等，并按照要求正确、牢固地安装及接线。

4）校验前，应先通电 30min 进行热稳定；校验时，装置的转速应逐级地升、降，不可急速地升、降；校验点不应少于 5 点，且应包括上、下限并在其范围内均匀分布；记录要详细、认真。

5）校验人员不可站在齿轮盘的切线方向，注意人身安全。